U0168511

逃离算法

AUGMENTED
EXPLOITATION

ARTIFICIAL INTELLIGENCE,
AUTOMATION AND WORK

［英］ 菲比·V. 穆尔
（*Phoebe V. Moore*） ◎ 编

［英］ 杰米·伍德科克
（*Jamie Woodcock*）

蒋楠 ◎ 译

中国科学技术出版社
·北 京·

Augmented Exploitation: Artificial Intelligence, Automation and Work

Copyright © Phoebe V. Moore and Jamie Woodcock, 2021.

First published by Pluto Press, London. www.plutobooks.com

The simplified Chinese translation copyright by China Science and Technology Press Co., Ltd.

All rights reserved.

北京市版权局著作权合同登记　图字：01-2022-5352

图书在版编目（CIP）数据

逃离算法 /（英）菲比·V.穆尔,（英）杰米·伍德科克编；蒋楠译.—北京：中国科学技术出版社，2023.8

书名原文：AUGMENTED EXPLOITATION: ARTIFICIAL INTELLIGENCE, AUTOMATION AND WORK

ISBN 978-7-5046-9931-2

Ⅰ.①逃… Ⅱ.①菲… ②杰… ③蒋… Ⅲ.①人工智能－算法 Ⅳ.① TP18

中国国家版本馆 CIP 数据核字（2023）第 032340 号

策划编辑	陆存月	责任编辑	刘　畅
封面设计	创研设	版式设计	蚂蚁设计
责任校对	张晓莉	责任印制	李晓霖

出　　版	中国科学技术出版社
发　　行	中国科学技术出版社有限公司发行部
地　　址	北京市海淀区中关村南大街 16 号
邮　　编	100081
发行电话	010-62173865
传　　真	010-62173081
网　　址	http://www.cspbooks.com.cn

开　　本	880mm×1230mm　1/32
字　　数	149 千字
印　　张	8.5
版　　次	2023 年 8 月第 1 版
印　　次	2023 年 8 月第 1 次印刷
印　　刷	大厂回族自治县彩虹印刷有限公司
书　　号	ISBN 978-7-5046-9931-2/TP·456
定　　价	69.00 元

引言
人工智能的创造、伪装与摆脱

◎ 菲比·V. 穆尔（Phoebe V. Moore）

◎ 杰米·伍德科克（Jamie Woodcock）

　　纵观历史，技术以各种方式塑造了工作。数字技术不断为不同类型的工作带来种种变革，这个过程将随着人工智能和自动化应用的日益增加而进一步深化。到目前为止，人工智能已经在人员招聘、管理、解聘等方面得到应用，但是人们还不太了解人工智能对劳动过程、劳动者以及管理者会产生哪些更广泛的影响。虽然大多数平台借助人工智能来规划工作、管理并控制劳动者，但有关这些过程在实践中如何运作的经验研究并不多。

　　目前，学界在探讨人工智能和自动化时主要存在两个问题。第一个问题是，有观点认为二者介入劳动过程的程度史无前例。机器一直以来致力于实现部分劳动过程的自动化以提高劳动者的产出，其历史远比自动驾驶汽车或自动化仓库拣选机悠久。由此引出第二个问题，即外界对自动化的理解往往呈现出二元性：要么实现自动化，要么不实现自动化。人们因此更关注机器（例如新型自动驾驶汽车的效率如何），而不是自动化对工作和劳动者的实际影响。自动化主要用于增强劳动过程，它不是非此即彼的关系。"增强"（augmentation）一词通常意为"改进、提高"，但本书打算挑战这一定义本身乃至整个概念。虽然自动化和机械增强有助于改善劳动者的生活，但是在新自由资本主义（neoliberal capitalism）的背景下，学界普遍认为技术将简化工作并提高组织效率，而不是产生后续各章讨论的危险和风险。

在讨论这些挑战时，本书收录的12篇文章，从3个方面剖析人工智能、自动化与工作的问题。第一部分探讨"创造"人工智能，主要内容包括：人工智能的发展和应用（例如在人力资源决策方面的应用）；劳动者因为充当训练人工智能数据集的"人工智能训练师"而成为机器的资源；就劳动者在工作场所的定位而言，劳动者似乎不是直接与机器竞争，就是听命于具有管理者身份的机器；以及软件开发人员的工作。第二部分探讨"伪装"人工智能，即人工智能越来越频繁地被用作掩盖管理决策过程和责任的障眼法。第三部分探讨"摆脱"人工智能，即围绕人工智能和自动化实践构建的系统，着眼于正处于发展初期的和未来可能出现的劳动者抗争。

在数字化工作研究中，有关平台工作和零工工作的经验研究与理论研究（参见本书编辑在这一领域的研究：Woodcock and Graham，2019；Moore and Joyce，2019）已取得重要进展，也影响到英国的《泰勒报告》（Taylor，2017）等政府政策。除这些批判性介入外，算法治理和人工智能增强工具如今被越来越多地用于对劳动者做出决策，也频繁见于外卖送餐和共享出行之外的其他工作。了解在实践中运用人工智能的方法以及抵制人工智能的手段，成为劳动者和研究者愈发关注的内容。针对这些迅速出现的问题展开讨论迫在眉睫，本书从3个方面剖析人工智能，为讨论奠定了基础。根据肖莎娜·祖波夫（Shoshana Zuboff）的推测（2015：82），问题不在于社会发展没有跟上技术发展，而在于掌握先进技术的用户（包括积极进取的跨国公司、政府以及其他公共/个人行动者）：一方面，这些用户与对手展开逐顶竞争，通过大举投资人工智能的研发来分析劳动者；另一方面，它们与对手展开逐底竞争，通过寻求最新、最具创新性的方式来最大限度地降低工资和劳动者的代表性。

第一部分："创造"人工智能

本书第一部分主要探讨人工智能的"创造"及其在工作场所的应用，收录的5篇文章从过程、决策、变革动力等方面进行论述。

第1章抛出"今天的智能劳动者何在？"这个问题，菲比·V. 穆尔根据自己之前对量化自我所做的研究展开讨论。穆尔从两方面分析了这个问题，一是人们期待机器具备哪种智能，二是新一代智能劳动者的智能会因此受到哪些影响。第1章不仅介绍了这些智能劳动者面临的后果和所能采取的抗争手段，还讨论了机器对自动化和工作场所监控会产生哪些复杂的影响。

第2章主要讨论推动人工智能发展、押注人工智能未来的行动者，并分析使人工智能"梦想成真"所需的大量投资（包括资本和劳动力）。托尼·普鲁格（Toni Prug）和帕什科·比利奇（Paško Bilić）采用马克思主义的观点方法进行分析，首先聚焦于促进人工智能投资的资本积聚和资本集中问题。两人特别指出，虽然人工智能有望成为应用前景广阔的共性技术，但尚未兑现所承诺的结果。接下来，第2章讨论了资本既依赖高技能和高收入的劳动力从事软件开发，又依赖日益隐藏和全球分散的劳动力训练机器学习算法。结合资本主义生产矛盾的背景，普鲁格和比利奇随后分析了人工智能发展缺乏有效监管的问题。这种分析的优势在于通过人工智能的融资和生产来追溯权力与剥削的关系，指出当前人工智能的未来看似由资本主导，事实却未必如此。

第3章运用马克思主义劳动过程理论的方法剖析外卖平台使用的算法，并根据经验证据着重论述劳动者受到算法管理的体验。本杰明·赫尔（Benjamin Herr）指出："为约束并控制劳动，资本主义劳动过程会有意识地构建和实施算法。"第3章围绕外卖骑手（配送员）的工作体验展开讨论，提醒人们迫切需要关注实践中的技术问题。以"自由的错觉"（Waters and Woodcock，2017）这一论据为基础，赫尔分析了算法的运作和骑手对算法的体验。如果希望从批判的角度分析外卖工作，就必须理解算法如何在实践中发挥作用。毕竟正如赫尔所言，把劳动者组织起来以提高议价能力的出发点是为了劳动者的权益，而且应该从"（他们）对工作的认知以及工作中应用的技术"入手。第3章为后续章节讨论劳动者的抗争埋下伏笔，给接下来的内容提供了重要背景。

第4章聚焦生产和消费之间的重叠，以此为基础剖析数字技术产生的影响。爱德华·穆勒（Eduard Müller）首先回顾"产消者"（prosumer）的相关讨论，思考如何在数据驱动监控的背景下推广这些讨论。尤其值得注意的是，第4章重拾皮埃尔·布尔迪厄（Pierre Bourdieu）提出的"惯习"（habitus）概念，并根据监控资本主义赋予其新的内涵，将其运用到组织环境中。穆勒因此指出，平台技术使工作和休闲变得越来越难以区分。数字化方面的研究往往把权力问题摆在突出位置，这一点在米歇尔·福柯（Michel Foucault）的理论中尤为明显。而穆勒认为，通过解构消费者的惯习（它在组织中扮演着越来越重要的角色），今后的研究可以从布尔迪厄的观点中得到启发。惯习的商品化代表未来研究的一个重要方向，学界因而得以从批判的角度进一步理解数字化的变化关系。

第5章再次把注意力转向数据，重点探讨应用于工作场所的人力资本分析（people analytics）。在漫长的控制历史中（无论是工作还是其他方面），人力资本分析代表"控制未来"的尝试，把新的治理术引入其中。乌韦·沃姆布什（Uwe Vormbusch）和彼得·凯尔斯（Peter Kels）首先从批判的角度研究人力资本分析，指出这种分析方法利用自动化和算法来筛选、分析并处理数据。两位学者讨论了人力资本分析可能应用在人力资源管理的哪些环节以改变工作中的决策，然后继续探讨预测性人力资本分析目前的实施情况。沃姆布什和凯尔斯指出，由于包括劳动者和管理者在内的用户不了解自动化决策的过程，因此很难理解或质疑这些决策。第5章主要讨论预测性人力资本分析的局限性，特别指出这种分析方法涉及社会正常化和强制，却对工作方式的多样性视而不见。两位学者认为，经济权力由于这些实践而集中在新兴的数据专家阶层，从而可能引发劳动者抗争或严重的法律挑战。

第二部分："伪装"人工智能

本书第二部分着眼于"伪装"人工智能的相关问题，围绕算法和自动化的局限性展开讨论。尤其值得注意的是，已有资本假装应用人工智能的先例，其目的往往是博人眼球或赢得使用这种"高大上"技术的赞誉，而幕后实际上仍活跃着劳动者的身影。因此，第二部分相当于通往人工智能希望之路尽头的短暂之旅，由此拉开了当代学界对人工智能主张的帷幕。

第6章主要讨论如何在零工经济中争取劳动者的同意。吕卡·佩里格（Luca Perrig）借鉴了针对瑞士本地外卖平台开展的经验研究，他进入5家主要的外卖平台担任骑手达6个月之久，并采访了几十位骑手和平台经理，还前往平台经理的办公室开展了为期1个月的民族志调研。根据这些详细的经验数据，佩里格再次提出布洛维（Burawoy，1979）以及其他学者提出的问题：劳动者为什么会努力工作？佩里格从对平台模式的批评入手来分析这种模式在实践中面临的挑战。考虑到外卖骑手大多数是自雇者，佩里格认为这种不稳定性不利于争取骑手的同意，这个问题由于平台工作对在线交流的依赖性而进一步复杂化。第6章从这些挑战落笔，令人耳目一新。以平台模式如何运作而不是资本的胜利为切入点，这一章对于平台综合运用差异化配送费、游戏化（gamification）、信息控制等手段来实现管理职能的自动化着墨甚多。三种手段都是为了最大限度提高骑手的接单率。佩里格并不认为算法已经解决了这些问题，他探讨了作为市场中介的平台能发挥哪些作用，分析了平台如何利用自动化来影响市场。

第7章致力于重新审视劳动过程理论中技术变迁与劳动自主性之间由来已久的争论。比阿特丽斯·卡萨斯·冈萨雷斯（Beatriz Casas González）聚焦德国制造企业的两个经验性案例研究（作为研究对象的两家企业分别来自电子行业和通信技术行业），探讨技术中介如何影响劳动者的控制感。冈萨雷斯发现技术主要有两方面影响：一方面，新技术被纳入直接劳动控制策略，从而限制了劳动者的决策和行动范围；另一方面，技术作为控制策略的组成部分，依赖劳动者的能动性。这些不同的变革动力存在于同一工作场所，可能引发矛盾和压力，劳动者不得不自行解决，但他们并不认为自己的工作会因此受到更多控制。由此引出如何理解技术中立的重要问题。第7章最后强调，无论是了解当今资本统治的再生产如何运作还是最终如何打破资本统治，掌握技术如何影响劳动者的控制感都很重要。

第8章聚焦自动化能否获得客户信任的问题，围绕智利银行业一个丰富的案例研究展开讨论，包括长达13年的劳动力市场数据、36次访谈以及为期8年的民族志调研。乔治·博卡多（Giorgio Boccardo）的注意力集中在智利银行业的劳动过程，后者与其他国家银行业的劳动过程有相似之处。他从银行业内部技术变迁的长期趋势入手探讨自动化问题，然后把银行业劳动过程的特异性放在实践中进行分析。第8章重点讨论了自动化在银行与客户之间生产和再生产信任方面的界限和局限性，揭示出自动化在实践中的复杂性。博卡多最后指出，应该将自动化置于现有的权力关系中，如果工会可以改变这些关系，就能为自动化带来积极的结果。

第三部分："摆脱"人工智能

本书第三部分探讨"摆脱"人工智能的相关问题，讨论重点转向劳动者为抵制工作中使用的算法和自动化而采取的新手段。第三部分之所以被冠以"摆脱"之名，是为了提醒读者注意劳动者为抵制技术而进行的漫长且复杂的斗争。这部分收录的文章并没有沿袭"捣毁机器"（machine breaking）的老套路，而是致力于探讨劳动者如何抵制新的生产关系。抵制生产关系可能与抵制技术直接有关，但也不能忽视劳动过程中对管理的广泛抵制。第三部分各章以前两部分的论点为基础，围绕构建这些技术的方式以及它们在实际应用中出现的"伪造"方面的差距展开论述。本书由此过渡到劳动者的斗争——既包括他们的抗争手段，也包括他们在新环境中重塑自身条件的方法。

第9章主要讨论平台配送工作，亚当·巴杰（Adam Badger）从这类工作的悠久历史入手来研究如何运用各种技术管理配送劳动过程。配送工作的平台化既源于人工智能技术的发展，也源于股东投资的利益。巴杰根据斯尔尼塞克

（Srnicek，2017）对平台资本主义的分析来解构平台，通过
自己深入英国伦敦配送行业一线开展的民族志调研进行批判
性分析。他比较了两家互为竞争对手的配送平台，强调数据
生成对商业模式的重要性。田野调查的结果显示了配送员如
何应对劳动过程中的矛盾：为尽可能增加收入，他们往往会
选择"应用多开"（multi-apping），即注册多个不同的平台
并同时登录。巴杰指出，既要注意罢工和抗议活动中存在
的明显抗争，也要注意劳动者在日常工作中质疑算法的微观
实践。

第10章结合劳动过程理论和人机交互的见解进行讨
论。有关监视和自我跟踪的许多批判性论述着眼于技术如
何增强劳动过程的管理，而玛尔塔·E.切基纳托（Marta E.
Cecchinato）、桑迪·古尔德（Sandy Gould）与弗雷德里
克·哈里·皮茨（Frederick Harry Pitts）致力于思考数据采
集、聚合与管护是否存在新的集体实践。因此，三位学者讨
论能否"摆脱"技术的最初用途，代之以可能具有解放性
质的用途。讨论内容不仅包括技术的各种管理用途，也包
括自我跟踪的个性化用途。第10章还剖析了"逆向监视"
（sousveillance）的概念，可以视其为一种自下而上的倒置监
视，即劳动者监督管理者，而不是管理者监督劳动者。

第11章聚焦送餐工作的劳动过程。海纳·海兰（Heiner Heiland）和西蒙·绍普（Simon Schaupp）采用以下手段开展研究：作为外卖平台户户送（Deliveroo）和食速达（Foodora）的骑手在德国6座不同城市进行了为期8个月的参与式观察；对7座不同城市的骑手进行了47次访谈；开展在线调查；分析论坛和聊天群的内容。两位学者收集的数据表明，虽然平台致力于完全控制劳动过程并实现骑手的原子化，但是从骑手的角度来看，平台的企图并未得逞。骑手之间通过面对面交流和在线交流工具保持经常性联系，两位学者认为这些交流形式奠定了团结和集体行动的基础。为抵制原子化，骑手们已经掌握了在劳动过程中自组织的方法。海兰和绍普指出，交流本身不足以培养集体团结。在实践中，集体斗争源自劳动者的自组织和激进的工会，更传统的工会随后才开始介入。针对人工智能已经可以解决劳动过程中的资本控制问题，第11章自始至终对此持批判态度。

第12章致力于梳理外卖平台的算法管理与抗争实践之间的关系。乔安娜·布罗诺维卡（Joanna Bronowicka）和米蕾拉·伊万诺娃（Mirela Ivanova）对德国柏林的户户送和食速达骑手进行了深入的田野调查，根据收集的数据分析骑手如何"摆脱"算法。在两人看来，算法管理给骑手的劳动过程带来了3种额外的压力，即信息隐瞒、反馈机制缺失、依赖数据的绩效控制方法。劳动过程中的这些紧张关系使作为研究对象的外卖骑手发展出一系列抗争实践：第一，他们试图"猜测算法"以理解平台所做的决策，猜测过程成为骑手们共同参与的集体过程；第二，他们设法"钻系统的空子"以规避算法规则；第三，他们对工作进行重构，在管理者（或算法）的视线之外尤其容易产生集体不满；第四，他们通过集体抗议和罢工直接质疑算法决策过程。

第一部分

"创造" 人工智能

AUGMENTED
EXPLOITATION

第1章
今天的智能劳动者何在?

◎ 菲比·V.穆尔

如今,学术界和政府部门对人工智能的讨论大多集中在国家的技术竞争力层面,并力图确定这一所谓的新技术能力将如何提高生产力。部分讨论着眼于人工智能的伦理问题,但人工智能不仅是一个技术进步问题,还是一个需要从哲学角度进行探讨的社会问题。从维多利亚时代的人们制造出类似女仆的微型机器,到今天在日本出现的人形护理机器人,我们一直在根据自身特征来具象化机器。马拉布(Malabou,2015)讨论了控制论专家的假设,即按照启蒙运动的理念来说,智能主要与理性有关。的确,活体组织和神经与电子电路之间的相似性令控制论专家心驰神往,"催生出更加黑暗的人机幻想:僵尸、活体娃娃、机器人、洗脑以及催眠术"(Pinto,2015:31)。在帕斯奎内利(Pasquinelli,2015)看来,控制论、人工智能与当前"算法资本主义"的研究者相信并且仍然相信工具理性或技术理性，他们也信奉影响这些假设的本体论决定论、认识论决定论以及实证主义。早在我们这个时代之前，人们就对机器的智能化程度与表现形式感到神秘和好奇。在人工智能研究的初期，有观点认为操纵机器像人类一样行事并不困难，休伯特·德赖弗斯（Hubert Dreyfus，1979）等学者对此提出了直截了当的质疑；时过境迁，目前的人工智能研究很少关注机器与人脑原理之间的关系。而在权衡人类的实际智能或感知智能时，软件工程师、设计师以及软件用户（在下文中指人力资源专家和人事经理）会自觉或不自觉地把直接形式的智能投射转移到机器本身，而没有深入思考它的实际意义或哲学意义。他们也没有考虑发展和生产人工智能及其能力所需的生产关系：劳动者不仅要接纳机器（目前称为"智能机器"）的智能，在创建和扩充人工智能自身发展所需的数据集时还要忍受异常艰苦的工作条件。

如果人工智能确实变得和预测的一样普遍而重要——我们自己确实成了机器的直接镜像，或只是借助自身所谓的智能（如图像识别）产生数据集来推动机器发展——那么我们将面临一系列极为现实的问题。劳动者今后可能只需要负责机械维修，或者担任本章稍后讨论的人工智能训练师。外界往往把人工智能与自动化和可能出现的失业联系起来，却很少提及取代原有工作岗位的人工智能正在提高工作质量。其实，人工智能并不等同于自动化。对人工智能最贴切的描述是，以数据收集为基础，构建能在数据集使用和决策方面取得进步的增强工具或应用程序，它不是一种独立的实体。虽然人工智能与物联网、自动化和数字化的讨论有时存在交集，但欧盟委员会在2020年发布的白皮书里提出，人工智能是"集数据、算法和计算能力于一体的一系列技术，因此计算技术的进步和数据可用性的提高是当前人工智能热潮的关键驱动力"（European Commission，2020）。这一更精确的定义很有参考价值。在2018年的文件里，欧盟委员会给出了同样有参考价值的定义：人工智能"指通过分析环境并采取行动（具备一定程度的自主性）以实现特定目标，从而表现出智能行为的系统"（European Commission，2018）。2018年，欧洲议会工业、研究与能源委员会发布题为《欧洲人工智能领导力：综合愿景之路》（"European Artificial Intelligence Leadership, the Path for an Integrated Vision"）的报告，把人工智能定义为"描述数据分析和模式识别相关技术的概括性术语"（Delponte，2018：11）。

2019年，经济合作与发展组织发布《理事会关于人工智能的建议》（"Recommendations of the Council on Artificial Intelligence"），指出人工智能将成为一个很好的契机，可以"增强人类能力并提高创造力，促进对弱势群体的包容，减少经济、社会、性别以及其他不平等现象，保护自然环境，从而为包容性增长、可持续发展与幸福感注入活力"（OECD，2019）。《理事会关于人工智能的建议》还把人工智能与其他数字技术区分开来，因为"人工智能会从环境中学习，以便做出自主决策"。

上述定义不仅确定了人工智能可能影响工作场所的范围和背景，也考虑到"人工智能"一词的普遍使用往往有误。人工智能机器和系统表现出越来越类似于人类决策和预测的能力。例如，人工智能增强工具和应用程序旨在完善人力资源，可以通过更复杂的方式跟踪劳动者的生产率、出勤情况乃至健康数据。外界通常认为这些工具的速度和准确性远超人类，因此比人事经理更胜一筹。

但是阿卢瓦西和格拉马诺（Aloisi and Gramano，2019）指出，一旦管理实现完全自动化，人工智能也可能产生或推动"权威态度……延续偏见、助长歧视、加剧不平等，进而引发社会不安"。休厄尔（Sewell，2005）警告称，人工智能增强激励机制引入的奖惩措施会增添工作环境的紧张气氛。塔克（Tucker，2019）也告诫说，受人工智能影响的排名系统和指标可能遭到"操纵并改变用途，借此推断未知的特征或预测未知的行为"（相关讨论见Aloisi and Gramano，2019：119）。

本章致力于剖析在机器中识别人类"智能"的本体论前提，以便为后续章节的讨论奠定基础。劳动过程关系中的剥削行为屡见不鲜且时常见诸报端，劳动者往往也采用极具创造性的方式发起抗争。但工作和组织研究中讨论的控制形式不再局限于类似的情况，而是通过复杂或"智能"的技术能力得到日益增强。

本章首先简要讨论智能机器表现出来的表面上的、人们所期望的智能，并指出如何将其转化为明确的社会生产关系，然后提出以下论点：劳动者应该合作给出"智能"的定义，以批判并质疑围绕所谓机械智能建立起来的主导思想。毕竟，"人力资本分析"使用的各类人力资源辅助设备已经表明，在数字化工作环境中，人类智能存在歧视、种族主义、性别歧视以及社会心理暴力特征。如果它们是当今人类智能主导形式的核心要义，那么我们可能、或许也应该开始质疑这些假设。有鉴于此，本章从如何为今天的智能劳动者设计一种葛兰西（Gramsci）称之为"阵地战"[①]的手段开始落笔。

智能机器

我们在新闻和科学研究中听到过智能汽车、智能手机、智能手表甚至智慧城市的消息，但似乎没有听到过针对"智能"定义的批判。从某种程度上说，作为这类对象的定义类别，"智能"既可以指机器代表人类从事某项活动的能力，也可以指通过执行无意义的任务、提供便利和服务以及提高生态可持续性的可能性来完善现实的能力。智能汽车比普通汽车小，使用电能而非汽油作为动力，因此不仅有助于保护环境，还可能延长人类在地球上的生存时间。此外，智能汽车有望完全实现自动驾驶。有观点认为通勤时间过长是导致英国生产力低下的原因，假如我们开的是自动驾驶汽车，就能坐在后座上阅读电子书或使用平板电脑写作，在依靠机器智能的同时培养自身智能。我们甚至可以通过提高工作质

---

① 即关于如何塑造、转化、争夺"常识"的斗争。——中文版编者注

量、技能培训、全面提高国家的生产力等手段来淘汰那些"一无是处的工作"（Graeber，2018）。

当然，越来越多的知识工作者因为新冠疫情的影响而不得不居家办公，所以上述乌托邦式的想法或许很难实现。因此，"智能办公室"的定义可能会越来越局限于由个人环境构成的实验室。在这种环境里，一系列用于计算工作时间并评估其他工作环节的设备通过实验实现了标准化。智能手机既能记录劳动者的地理位置，也能接入互联网并使用摄像头，工作流动性因而进一步增强。人们在视频通话时可以看到彼此；智能手机还能安装各种有利于工作的应用程序，帮助用户搜索最近的餐厅或商场、欣赏几乎所有想听的音乐、跟踪步幅和心率、订票、设定目标、练习瑜伽、阅读图书以及获取最新消息。此外，"智慧城市"为市民和游客提供了更便利的连通性和出行选择。

这些智能产品和环境听起来颇具吸引力且令人兴奋，但它们依赖于从人类活动或最初基于人类活动的对象中提取而来的庞大数据集。自动驾驶汽车必须学会识别最初由人工分类的特定图像，智能手机提供的数字地图等服务依靠人工输入的位置数据，智能办公室需要收集劳动者的键盘记录、登录/退出工作平台的时间等数据。智能服务和社交媒体之所以提供产品，某些情况下是为了赚取少量收入，更多时候则是希望收集绘制用户画像所需的大量数据。这些数据用于广告营销，还可能被政府部门使用。

智能技术的根基是人类数据，通过机器学习、算法、机器人学以及情感计算表现出形形色色的"主动智能"，笔者之前把它们分为协作型、辅助型、指导型、约束型四类（Moore，2020）。人工智能促进并推动了主动智能的发展。主动智能属于人机镜像智能，但更多依靠主动潜力而不是预期的社会认知条件。因此，本章以笔者先前关于人机镜像智能的论点为基础，致力于更深入地探讨社会生产关系以及对智能劳动者的期待。

人工智能训练师和生产关系

马克思在《政治经济学批判大纲》（*Grundrisse*: *Foundations of the Critique of Political Economy*）（Marx，1993）中指出，人类常常把自身特征赋予机器，并且连带地把智力也赋予机器。但由于引入劳动过程的场所是阶级斗争的场所之一，因此把智力赋予机器依赖于特定类别的"智力"，后者在社会对该领域的认识中居于主导地位。马克思发现，工业化早期的雇佣关系按照阶级来划分人：少数人智力出众，有能力设计机器、组织和管理工作场所、管理工人、控制劳动过程和操作。智力的另一个主要类别明确把工人置于从属地位，他们的任务是从事体力劳动，制造并维护最终被认为比普通人更"聪明"的机器。

综上所述，智能绝不属于同一个范畴，研究人工智能的符号主义和联结主义的学者既没有理解什么是智能最重要的特征，也没有就这个问题达成一致。在最先提出"老派人工智能"（GOFAI）一词的约翰·豪格兰德（John Haugeland）看来，智能生命表现出以下特征：

> 能够理性思考（包括潜意识思维）……因此可以巧妙地处理问题；理性思考的能力相当于内部"自动"符号操纵的能力（Haugeland，1985：113）。

马库斯·胡特尔（Marcus Hutter）曾提出广为人知的普适人工智能理论，他后来指出："人类思维……与决定我们是谁的意识和身份有关……智能是人类思维最鲜明的特征……它使我们得以了解、探索并塑造包括我们自身在内的这个世界。"胡特尔表示，人工智能研究反映出这种观点，原因在于"人工智能的宏伟目标是开发可以在人类水平或更高水平上表现出一般智能的系统"（Hutter，2012：1）。同理心和感知力；记忆力以及人类处理思想和想法并把这些想法转化为分析的独特能力；做出选择而不是简单决策的能力——它们都是体现智能的必要条件，在机器被赋予更多形式的智能时显得尤为重要。以此而论，具备自主性的机器或许指日可待。

自主智能

机器将具备学习甚至自学能力是1956年最重要的预测和期望（这一点至今仍然得到广泛认可），把机器定义为具备智能的原因就在于此。不同的阶段对机器能力有不同的期待，现阶段的研发目标是使机器具备完全自主性，以最终实现普适人工智能的目标。

"普适"且具备自主性的人工智能指可以在各种环境中学习最佳行为的单个通用智能体（agent）。机器人能够展示行走、观察、交谈等通用能力，机器可以从错误中吸取经验，通过调整和优化算法以便在下一次有更好的"表现"。如今，随着计算机存储容量增加以及程序越来越复杂，我们正在逐步接近普适人工智能的目标：机器将具备学习、自学乃至辅导人类（自然也包括劳动者）的能力。

　　尽管人们目前对机器的自主性有所期待，但是人工智能研究几乎不涉及与人类思维、存在和能力的直接比较。之所以如此，是因为随着人工智能重新回到公共话语体系，企业对人工智能的兴趣再次大增，大量政府投资进入这一领域。本章开篇曾引述欧盟委员会对人工智能的定义，它强调了机器智能的自主性：具体而言，人工智能"指通过分析环境并采取行动（具备一定程度的自主性）以实现特定目标，从而表现出智能行为的系统"（European Commission，2018）。随着融入工作场所的人工智能系统和机器比人类更迅速、更准确地进行决策和预测，同时表现出与人类相仿的行为并以完全自主的方式协助劳动者，欧盟委员会的定义应该有助于明确界定人工智能的风险。其实，外界现如今不仅期待由看似普遍可靠的机器来控制并管理劳动者，而且希望劳动者能模仿和学习机器，而不是相反。

　　因此，目前人工智能的所有讨论都围绕自主性的概念展开。但是从定义上讲，人类能动性与机器能动性并不完全相同。自20世纪60年代以来，一系列社会运动和活动团体极其重视自主性。举例来说，意大利的"工人自主"运动既反对天主教会的主导地位，也反对资产阶级有权把剥夺人类表达和团结能力的工作和工作条件强加于人。在这一点上，人类自主性与能动性和社会公正存在明确的联系。同样，人们很少认为自主机器人具有能动性。在探索努力和实物以及二者与人类的关系方面，新唯物主义和后人类主义的研究取得了一定进展，不过把如今（以及过往）对人类自主性的理解方式与对人工智能自主性的理解方式联系起来是荒谬可笑的。

自主机器不会挑战工作场所的现状，而是愿意把另一个具有明显能动性和自主性的行动者（actor）纳入标准的雇佣关系并与之合作。当然，这个行动者应该是某种自主机器，其自主性既可以通过"人力资本分析"中的分析和预测能力来体现，也可以通过自动化和半自动化（属于所谓的"辅助"和"协作"智能）来体现，而机器广泛的监视能力是实现这一切的前提。

谁来训练人工智能？

前文讨论了工程师和软件开发人员在开发机器及其应用程序时自觉或不自觉赋予机器的智能类型，我们接下来把目光转向人工智能的基础和发展。人工智能以创建庞大的数据集为基础，这项工作至少在早期需要依靠人力完成。为此，世界各地有大批半熟练和非熟练劳动者在社交媒体和数据服务领域从事数字方面的"脏活"（Roberts，2016）。这些可称之为"人工智能训练师"的劳动者包括两类：一类是内容审查员，他们负责审核社交媒体平台（如脸书①）以及其他新闻和视频服务的内容；另一类是数据服务工作者，他们通过标注和自然语言处理训练来处理产品（如亚马逊智能助理Alexa）的数据。这些"信息服务工作者"（Gray，2019）的工作往往不为人知（Anwar and Graham，2019）。训练人工智能机器需要庞大的图像和文本数据库，人工智能训练师的主要工作就是给数据库提供能产生丰厚利润的信息，他们不仅显著增加了社交媒体和智能设备的价值，而且为人工智能的发展作出了贡献。人工智能训练师被称为"幽灵工作者"（Gray and Suri，2019）和"互联网守护者"（Gillespie，2018），他们被期望应该像机器一样工作（Ruckenstein and Turenen，2019）。

尽管这些数据集的确切情况属于行业秘密，但是笔者与

---

① 脸书（Facebook），现已更名为元宇宙（Meta）。——中文版编者注

几位技术专家讨论后得知，企业会采用人工智能训练（AIT）工作生成的数据集来训练其他产品。举例来说，脸书利用深度学习网络来训练机器从图像中识别人类情感（Facebook，2020），谷歌开发的"显式内容检测"（ECD）系统可以正确识别五类不同的内容（Google，2019），微软的Azure内容审查器则用于检测、审核并筛选各类图像、文本与视频（Microsoft，2020）。部分产品最终可以自动完成AIT工作，但人工AIT角色仍然在目前的数字化劳动力中居于主导地位，不大可能在短时间内实现完全自动化。目前，人工智能训练师执行的任务需要人工参与和认知工作，还无法以完全自动化的方式进行（Gillespie，2018）。实际上，鉴于工作的敏感性、主观性以及与决策有关的责任问题，即便不是完全不可能，算法执行和决策系统也很难全部实现自动化（Perel and Elkin-Koren，2017）。

企业并没有公开透露目前专门从事内容审查或自然语言处理训练的人数，但是2016年的统计数据显示，欧洲有610万名数据工作者（IDC and Open Evidence，2017），全球则至少有4.1万名内容审查员（Levin，2017; Newton，2019）。考虑到这些趋势以及人工智能领域获得的大量持续性投资，这些劳动者能在相当程度上代表未来的工作（Gray，2019）。

与零工劳动者类似，世界各地的人工智能训练师代表了非熟练/半熟练、低薪且没有保障的一类数字工作者，他们在危机和变革到来时面临的风险最大。如今，零工经济的相关研究和报道正在影响世界各国的政策，但我们很难找到关于人工智能训练师的报道。人工智能训练师和零工劳动者都属于"按需"劳动力，他们从事非标准的任务型工作，只能获得几乎没有社会保障（如加入工会）的有限合同。技术水平较低的数字工作者存在非常高的社会心理暴力风险（Moore，2018a，2020；D'Cruz and Noronha，2018），此外，工作场所极不安全（Newton，2019），还受到极为严格的监控和监视（Noronha and D'Cruz，2009）。实际上，一批内容审查员已经因为和工作有关的创伤后应激障碍而把脸书告上法庭（Wong，2020）。

除了受到这些严重的剥削，人工智能训练师还在从事一项不为人知、对于人工智能产品开发具有重大意义的无偿工作。人工智能训练师的有偿工作得到认可，他们的工作效率由密集的工单系统、时间跟踪与数字化绩效监控手段进行衡量。相反，重要的无形无酬工作没有采用同样的工单系统或跟踪手段，而是以"情感劳动"（affective labour）的形式进行。人工智能训练师不仅会受到精神创伤（如内容审查员报告称每天多次看到令人反感的图片），而且要承受严密的数字化监控的压力，还必须在无意中采用内部机制来应付工作。人工智能训练师借助情感劳动来保护自己，这是他们最不为人知的剩余工作（Levin，2017；Newton，2019；Punsmann，2018）。人工智能训练师和内容审核员代表社交媒体消费者来承受精神创伤。

智能劳动者享有的数据权利

到目前为止，我们讨论了机器的智能类型以及创建这些感知智能的数据集所需的生产关系。没有人类数据，人工智能就是无本之木。人工智能训练师、零工劳动者或其他数字工作者自身会产生数据，所以本节致力于探讨这些"智能劳动者"享有或应该享有哪些保护自身工作条件的权利，以保护第三方收集的个人数据。

接下来的讨论以欧盟出台的《通用数据保护条例》（简称GDPR）为基础。作为一种政策工具，GDPR不仅大幅更新了原有的数据和隐私政策，还制定了一系列新条款以保障劳动者在机构数据收集、处理与使用方面的权利。虽然不少人认为GDPR主要适用于消费者，但它同样包括大量与劳动者保护有关的内容。制定《通用数据保护条例》旨在取代1995年生效的《数据保护指令》（DPD），它不仅允许劳动者与管理者就看似必要的数据收集展开更充分的讨论，而且规定了企业宣称的数据收集必要性与劳动者的数据保护、隐私权以及其他需求之间的相称性，并要求在实施数据收集以及其他跟踪和监测过程时保持透明，同时强调数据最小化原则的重要性（企业应该只收集实现既定目标所需的数据）。此外，GDPR还涵盖了与数字工作者有关的众多其他领域。

GDPR为工会代表进行集体谈判——尤其是在"同意"这一重要领域——提供了有力支持，堪称改变局面的"胜负手"。根据1995年生效的《数据保护指令》，"同意"指"数据主体依据个人意愿，以自由、具体、知情的方式表示同意处理与其有关的个人数据"。GDPR的定义则更进一步，把征求和给予同意的方式也纳入审查范围。GDPR第4条第11款明确指出，"同意"指"数据主体依据个人意愿，以自由、具体、知情、清楚的方式通过声明或明确的肯定性行动表示同意处理与其有关的个人数据"。GDPR第7条以及前言第32、33、42、43条规定了数据控制者为了满足同意要求的主要要素而必须采取的行为方式（数据控制者通常是聘用劳动者并收集其数据的组织或机构）。前言第32条的解释相当清楚：

　　应该通过明确的肯定性行动来做出同意，以自由、具体、知情、清楚的方式——例如通过书面声明（包括电子声明）或口头声明——表明数据主体同意处理与其有关的个人数据。

　　当然，只有拥有发言权和真正的选择权，数据主体才可能"自由"地做出同意。欧洲数据保护委员会在2020年发布的更新文件里指出，"如果数据主体没有真正的选择权、被迫同意或是因为不同意而承受负面后果，则同意是无效的"。此外，如果同意建立在"捆绑"和"不可协商"的基础之上，或者数据主体无法在不损害自身利益的情况下拒绝或撤回同意，就不能视之为自由做出的同意（EDPB，2020：7）。对消费者来说，这些明确的干预措施前景广阔（因为数据积累多年来已经取代了更传统的服务支付形式），但鉴于雇佣关系本身存在的不平衡性，同意是可遇而不可求之事。

　　然而，如果把劳动者是否可以对数据收集和使用做出有意义的同意纳入考虑，那么当遇到可能侵犯隐私和数据保护的行为时，劳动者也越来越可能提出有意义的不同意见。

GDPR前言第32条增加了部分重要而激进的要求，如规定"沉默、预选框或非活动状态不应……构成同意"。

因此，欧洲数据保护委员会发布的2020版指引建议，"GDPR中关于同意的要求应该作为合法处理的先决条件而不是'附加义务'"（EDPB，2020：6）。尽管同意只是企业在确定自身行为合法性时可以选择的六项标准之一，但无论是在讨论中——尤其是共同决策制（co-determination）得到法律确认时——还是在雇主与工会团体之间的集体谈判中，都应该对是否同意数据收集和处理持开放态度。同意可以采取不同的形式，如果通过工会而不是通过个人取得同意，则可以重新审视和思考这个概念。

由于显而易见的原因，同意的概念未必适用于劳动者/管理者关系。但是由于GDPR的新规定，智能劳动者如今有能力在接到收集位置数据和生物特征数据的要求时保持警觉，并通过集体谈判和共同决策制来维护自身权益。GDPR的基础明确规定：

（前言第71条）数据主体有权不受决策的约束，其中可能包括评估与其相关的个人方面的措施，例如……无须任何人为干预的在线招聘实践，它们完全基于自动化处理，并对数据主体产生法律效力或类似的重大影响。此类处理把"性能分析"纳入其中，包括针对个人数据的各类自动化处理（这些数据用于评估自然人的个人方面），尤其是分析或预测关乎数据主体的工作表现……可靠性或行为、位置或运动，从而对数据主体产生法律效力或类似的重大影响。

GDPR主要针对个人制定，但是数据收集涉及远远超出个人层面的问题，会影响各种类型、质量与数量的群体。因此，应该把数据治理视为一种所有社会伙伴必须共同参与的集体利益。数据集可以用来训练决策算法，所以数据集的规模越大，它能发挥的作用也越大。考虑到这一点，应该对庞大的数据集及其集合做出集体回应而不是个体回应。外界往往认为同意是一种单向安排，在雇佣关系中根本不可能实现。而对于实施共同决策制的国家来说，劳动者与管理者之间需要通过谈判和讨价还价来推动数字化工作场所的转型，因此必须采用集体治理模式，仅仅征得个人同意是不够的。

有鉴于此，在涉及劳动者隐私的劳动者与雇主的谈判中，必须要讨论为什么应该采用精确的身份识别跟踪技术，对更广泛的劳动者利益也不能等闲视之。隐私不单是一种利益，它也是一种权利。但是在受监控的工作场所中，隐私牵扯方方面面、关系到必要性和相称性的利益。与工会的协商和集体谈判中应该包括隐私权以及相关的劳动者利益，且各方应该就这些问题达成一致。所有监控和跟踪过程必须对劳动者透明，数据保护官和训练有素的工会代表需要共同商定相称性和必要性。

小结

在这种背景下，不应该认为技术进入工作场所后仍然"一切如常"。人工智能的角色正在转变，但仍然反映出人类行为，对于人工智能训练师等智能劳动者的生产关系及其相应的工作条件具有重要意义。在人工智能增强的数字化工作场所中，与特定智能形式有关的生产关系大多反映出标准的雇佣关系。相应的立法尽管能在一定程度上增强集体谈判的能力，却无法推翻这些限制。智能劳动者应该对人工智能活动的结构保持警觉和了解，既要认识到人工智能的历史属于这种结构，也要理解智能机器或智能人的本质并不是既成事实。如今的智能劳动者利用机器的智能类型（如协作能力或辅助能力），以促进工作场所用民主化的方式互帮互助。

技术很可能改头换面，用来克服影响数字化雇佣关系的竞争霸权和增长模式。

虽然人工智能内部的一些政策特点涉及有意义的同意，但是更有可能产生有意义的不同意见。举例来说，共同决策制至少可以在可能侵犯隐私权的情况下促进民主社会关系。英国脱欧后，除比利时、保加利亚、塞浦路斯、爱沙尼亚、意大利、立陶宛、拉脱维亚以及罗马尼亚外，大多数欧盟成员国的国有企业和私营部门采用某种共同决策制。在现阶段，为了给有意义的不同意见提供一个平台，建议全体欧盟成员国都采用某种形式的共同决策制。而对已经采用共同决策制的国家来说，所有数据收集和处理活动最好由各方共同决定。企业和劳动管理部门必须重视这些国家的法律机制，并确保遵守这些制度。

或许还能通过另一种途径产生有意义的不同意见：如果劳动者可以获得所有第三方收集的个人数据（根据GDPR的要求，劳动者有权获得这些数据），那么拿到新形式的数据有利于智能劳动者和人工智能训练师。因为这些数据不仅能帮助他们确定有待改进的方面、促进个人成长并实现更高层次的参与，而且有助于认定可能存在歧视性的数据，然后通过集体谈判提出质疑。工会代表和劳动者可以利用这些数据来争取更好的待遇（例如证明自己一直在加班），或是根据有关疾病或压力的数据来证明确实需要休假。拿到工作模式的相关数据后，劳动者和工会代表还可以同雇主就之前没有涉及的某些雇佣关系进行谈判。只要各方承认"数据不说谎"，那么劳动者不仅能拿到合理的加班费，而且请病假会得到认真对待，也能避免歧视和压力，从而在人工智能增强的工作场所中把患病率和恶化的工作条件联系起来。

在新冠疫情肆虐全球之时，这个问题变得迫在眉睫，因为在数字技术的帮助下，劳动过程正在快速重组。因此，劳工学者有必要思考以下问题：在工作场所，哪些形式的"智能"将主导人工智能增强工具和应用程序的设计与执行？劳动者是否既要反映这种智能，又要根据人工智能的基本要求（提供和培养数据库），通过内容审查和数据服务工作（"幽灵工作"）中的情感劳动来训练人工智能本身？以此而论，在智能机器崛起的今天，衡量"智能劳动者"的标准是什么？考虑到人工智能在工作场所的蓬勃发展，未来几年里哪些人将成为智能劳动者？

第2章
资本、劳动与监管之间的人工智能

◎ 托尼·普鲁格

◎ 帕什科·比利奇

提倡人工智能的行动者鼓吹单向技术演进。在他们看来，处于数字创新前沿的社会应该遵循某种系统性变革过程，从数据依赖性服务转向以数据馈送为基础的自主和智能系统。当前和未来的人工智能应用领域不仅包括网络搜索、新闻筛选、信用评分和银行业务、人脸识别、机器学习芯片、网络优化以及自动驾驶汽车，还包括高级医疗健康生物识别、药物发现、福利和其他政府评估、网络威胁狩猎、防伪、音乐母带处理以及农作物监测。发展商业系统需要大量资本支出和劳动支出，而许多人工智能产品和服务的市场价值还是未知数。从马克思主义的观点来看，最终产出并不是商品。相反，资本支出和劳动支出往往催生出各类知识产权（如专利），它们是未来经济效益的法定所有权。人工智能以未来导向思维和延迟逻辑为基础发展而来，通常利用免费提供给用户的服务，支持企业以外的第三方作出贡献（自由和开源软件就是一例）。经济收益、社会效益与民主监督迟早都会被推向不可知、有风险的人工智能生产线。资本获得先发优势，劳动和社会则需要跟上并适应资本扩张、资本亏损或市场崩盘的后果。

为解答其中的部分问题，本章的结构如下。首先，我们介绍信息技术（IT）龙头企业在人工智能领域的相关活动。其次，根据人工智能系统所执行任务的复杂性以及日益严重的隐藏劳动力问题，我们简要论述各类劳动之间不断增长的分歧。最后，我们探讨人工智能的监管问题，将人工智能企业对伦理原则的主张与资本主义生产的现实进行对比。

资本扩张

资本积聚和资本集中可以追溯到工业时代，这是资本主义的重要机制之一，马克思（1996）称之为"大资本总是吞并小资本"的过程。积聚和集中的资本具有诸多优势：可以在某些经营领域承受更长时间的损失；可以吸收市场波动和需求低迷带来的风险以抑制竞争；可以把部分资本再投资于开发和生产新商品；可以为市场提供不断分化和更新的商品；可以利用积累的资本并购竞争对手；还可以影响政治和监管过程。哈维（Harvey）嘲讽地指出："（资本）更愿意远离激烈的竞争，青睐能适应垄断型工作和生活方式的确定性、安逸生活以及从容而谨慎的变革"（2014：139, 140）。由于不清楚在工资、研发与商业化方面的支出能否带来回报，因此技术创新又增添了一层不确定性。假如缺少吸纳新商品的市场，资本问题就会随着资本流通和积累陷入停滞而成倍增加。垄断拥有结构性地位，资本得以降低风险并控制创新，以保持扩张和增长的态势。

人工智能有望成为一项跨行业应用的共性技术。私募股权基金和风险投资者正在寻找下一个投资风口，他们率先站上人工智能的潮头。从2011年到2018年，人工智能初创企业获得的投资超过500亿美元，其中2/3的投资对象位于美国（OECD，2018）。与此同时，在2013年至2016年期间，只有一成获得风险投资的初创企业实现营收（Bughin et al., 2017：3）。仅2016年，谷歌和百度等全球科技巨擘就向人工智能领域投资200亿～300亿美元，其中90%的资金用于研发，10%用于收购（Bughin et al., 2017：6）。2017年，谷歌、亚马逊、脸书、苹果与微软（合称"GAFAM"）的研发费用超过700亿美元。尽管这些企业在营销方面志在必得，但是产生的社会效益却有待商榷。微软人工智能团队曾表示："人工智能时代已经来临，它可能以今天难以想象的方式改变我们的生活、行业与社会"（Azizirad，2018）。在意识形态层面之下，资本主义生产的特点以及国内/国际的社会和市场条件决定了明确的经济激励措施。人工智能的进步既可以提高企业生产力和效率，又可以提供跨行业应用的解决方案，从而为资本积累和企业发展注入新的动力。

GAFAM大量投资于研发的成果从专利种类和数量可见一斑。在人工智能、自动驾驶汽车、网络安全、医疗保健等领域，各大企业正在竞相申请专利（CBInsights，2017）。当然，如果不能在市场上进行商品交换，那么研发投入和专利申请也无法保证有所产出。GAFAM还通过并购来吸纳技术劳动力和新理念，并降低资本亏损的风险。2010年至2019年8月，苹果、谷歌、微软、脸书与亚马逊收购的人工智能企业分别为20家、14家、10家、8家与7家（CBInsights，2019）。

劳动分工和隐藏劳动力

为了从人工智能中创造价值，资本需要机器学习、人工神经网络、自然语言处理、逻辑回归等方面的技术劳动力。资本主义的一个独特之处是劳动在资本主义生产中成为一种商品,新的技术发现也在不断为新技能创造新的市场。然而,资本也在以牺牲劳动力为代价努力降低成本、提高效率、提高生产力并加速资本积累。这是资本主义的主要矛盾之一。目前市场对人工智能技能有很大的需求,科技巨擘尝试用高薪、奖金与股权激励来招揽人才。给予新员工的股权激励通常存在行权期,只有在一段时间后才能兑现。股权激励是吸引、留住并管理劳动者的有效机制,劳动者和公司由此休戚与共、命运相连。GAFAM在股权激励方面的支出占2017年营收的2.1%(苹果)到9.1%(脸书)。以美元计算,脸书和苹果分别投入36.4亿美元和48.1亿美元用于股权激励①。然而,其中大部分资金流向了最高管理层和股东。

人们认为人工智能不仅会增加新的经济价值,而且能缓解人口老龄化和低生育率造成的生产力下降问题,这方面的消息越来越多(Manyika and Sneader,2018)。与此同时,美国科技工作者对管理不善、工作超时、薪资差距、种族主义、性别歧视等问题的不满与日俱增,对于同激进政治合作

---

① 数据来源:美国证券交易委员会10-K报告。

也存在道德顾虑（Tech Workers Coalition，2018）。资本借助并购来培养新技能、补充现有劳动力并替换老员工。创造对人工智能新技能的需求不仅使各国面临适应市场需求的压力，也迫使它们推行以理工科（STEM）研究和数字技能为重点的教育改革。市场对技术劳动力的需求量很大，顶尖理工类大学也在积极培养新的人才队伍，但是数字网络的分散性以及随处可接的微任务同样催生出众多低技术劳动力。胡斯（Huws，2014）指出，依靠技术驱动的资本主义总是需要新的劳动分工，使再技能化和去技能化可以同时进行。

GAFAM致力于改进自身的技术系统并执行机器学习活动和人工内容评估，在微任务外包方面尤其活跃。遍布全球、居家办公、兼职工作的劳动力大军通过亚马逊土耳其机器人（亚马逊公司的Mechanical Turk服务，一种众包平台）评估搜索引擎（Bilić，2016），审核社交媒体的攻击性和侮辱性内容（Roberts，2016，2018）并承接其他各类任务。艾拉尼（Irani）指出，"随着Web 2.0企业试图从日益增加的用户数据中收集和提炼价值，人工智能的梦想变得愈发迫切"（2015b：724）。训练机器学习算法需要使用由人工分类的数据集。学者们对生活在75个国家的3500位劳动者的工作条件进行研究后发现，尽管奇迹般自动出现的人工智能结果离不开"微工人"的贡献，但这些劳动者及其工作仍然不为人知、缺乏管理且报酬不高，他们似乎并没有直接受聘于开发和运营此类系统的企业（Berg et al., 2018; Irani, 2015a）。只要这类隐藏的劳动力仍然存在于不受监管的市场之中，人工智能的发展就会把劳动分工推向极致，使少数企业主和高层管理人员以牺牲劳动力为代价攫取更多收入。无形的金融资产价值膨胀所产生的利润将集中到顶层。这些劳动者将游离于高科技社会之外，艰难应对隐形雇主、算法监控、平台管理以及缺乏集体谈判的局面。如果希望全球劳动力供应链变得清晰可见，同时增强平台和未来人工智能系统的责任感，就需要更多像"公平工作"（Fairwork）这样的项目（Graham and Woodcock 2018）。为规范隐藏的数字劳动力并给他们提供目前缺少的社会保障，欧盟不仅开展了大规模的初步研究，也提出了积极的建议（Forde et al., 2017：13–14）。但要想抓住围绕数据商品化和隐藏劳动力构建难以捉摸的全球资本，建立一套跨国协调和监管体系势在必行。

规避监管

人工智能的发展有望提高生产力和经济效益，令众多跨

国组织和国家浮想联翩[1]。在承诺利用人工智能并产生未来
利益的政策文件和战略报告里，这种"淘金热"的心态显而
易见。争夺人工智能主导地位的激烈竞争加剧了地缘政治斗
争，斗争背后的主要推手是美国的投资。欧盟正奋起直追，
试图找到自身独特的优势（EU，2018b）。有关人工智能监
管的讨论主要在决策专家之间展开，但由于武器这类自动化
系统本身存在明显的危险性，所以相关的人工智能监管问题
已经在一定程度上引起公众的关注[2]。人工智能的应用会对个
人（贷款未获批、福利补助被拒绝）[3]和更广泛的社会事务
（新闻筛选、虚假新闻注入）产生重大影响。鉴于人工智能

---

[1] 为处理人工智能的某些问题，包括美国、英国、法国、中国在
内的许多国家都制定了相应的策略乃至法律体系。请参考各大
机构参与者制定的规则：OECD 2019、G20 2019、EU 2018a。

[2] 最初，超过1000位专家和机器人工程师签署公开信要求禁止进
攻性自主武器（Gibbs，2015）。这份名单不断扩大，后来以
致联合国公开信的形式吸引了4000多位专家署名（Petitioners，
2017）。

[3] 大量示例散见于本章引用的参考资料，美国纽约大学AI Now研
究所在发布人工智能研究报告方面处于领先地位。事实证明，
基于算法的学生签证决策系统容易出错，导致前往英国的留学
生被无端驱逐出境，这是人工智能影响广大民众的一个例子
（Sonnad，2018）。

的新颖性和不透明性，到目前为止其监管难度很大，主要是因为人工智能无处不在、技术复杂，而且生产者之间你追我赶（抢占和建设人工智能市场新领域的企业有望获得潜在回报）。由此引出一个最明显的问题：如果某些技术的内部工作机制往往不为人知，或是只有业内经验最丰富的工程师才能掌握，那么我们应该如何监管这些技术的行为呢？

2019年，23位科学家在《自然》期刊撰文，提出在环境背景（包括其他机器、人类、社会建构对象、交互规则等）下研究机器行为的方法（Rahwan et al.，2019）。文章作者反复强调，只能通过跨学科合作来研究机器行为。问题在于机器的开发者（数学家、工程师与计算机科学家）太过接近研究对象，缺乏独立完成研究所需的能力。文章作者警告称，机器"在更大的社会技术结构中运行"，"它们的人类利益相关者对于部署机器可能造成的任何伤害负有最终责任"（Rahwan et al.，2019：483）。这篇文章对经济层面的因素着墨不多："经济力量会对机器表现出的行为产生间接但实质性的影响"（Rahwan et al.，2019：481）。虽然文章明确指出更复杂的算法学习机制"既取决于算法，也取决于环境"，但无论是宏观层面还是微观层面，各类有意义的细节都把经济层面的因素（生产的驱动力）排除在外。尽管赢利是驱动资本主义经济的逻辑，但并没有涉及考虑利润或公共投资的货币因素。在交易程序中，"更复杂的智能体可能会根据……明确的预期效用最大化原则来计算策略"（Rahwan et al., 2019：480），这是文章唯一一次提到算法最大化原则。然而一个多世纪以来，效用（utility）这一主流经济学方法的核心范畴及其再概念化[①]一直遭到激烈抨击。最大问题在于效用纯粹是演绎性和分析性的，缺乏经验性参照物，不具备可测性和经验可验证性（Lewin，1996：1311；Mirowski and Hands，1998）。在这个领域，社会学、人类学与政治经济学方法可以引入一系列问题和研究方向，把讨论引向社会和经济力量在其中发挥作用的宏观参数和微观参数——无论是国民经济利益和资本积累，还是强调劳动以及劳动与资本

---

① 目前所知的新古典经济学兴起于19世纪末，从那时开始，经济学家们就敏锐地意识到"效用"这一核心概念的可测性问题。威廉·斯坦利·杰文斯（William Stanley Jevons）、里昂·瓦尔拉斯（Léon Walras）、罗伯特·索洛（Robert Solow）等人希望今后通过更好的数据来解决这个问题，其他学者则尝试用不会受到同样批评的概念来取代效用，如维尔弗雷多·帕累托（Wilfred Pareto）提出的无差异曲线和保罗·萨缪尔森（Paul Samuelson）提出的显示性偏好理论。但是目前尚未看到成功案例。

和国民经济发展历来艰难而共生的关系，这一切往往与如何选择公共生产及其投资的类型和规模交织在一起。

美国纽约大学AI Now研究所发布的2018年人工智能报告侧重于问责（accountability），即谁应该对人工智能造成的伤害负责。报告将以下挑战摆在首位："人工智能领域日益扩大的问责差距，使研制和部署此类技术的群体居于有利地位，代价则是牺牲最受技术影响的群体的利益"；"引入监控……加剧了集中控制和压迫的潜在威胁"；"在没有建立问责机制的情况下，政府机构越来越多地应用直接影响个人和团体的自动化决策系统"（Whittaker，Crawford，Dobbe et al.，2018：7）。在许多场合，政府机构越来越频繁地使用由谷歌和亚马逊提供的人工智能产品（如亚马逊的Rekognition技术），报告列举了这些产品容易出错的案例，人脸识别中存在的种族偏见会催生出羁押等改变生活的政府决策（2018：15–16）。伦理规则和咨询委员会是一种历史记录不佳的企业自律机制，事实证明这种机制并没有发挥作用（2018：30–1）。报告指出，谷歌针对某些市场开发了更符合审查规定的搜索工具——公司广泛依靠人工智能，从而违背了自己制定的人工智能原则（Pichai，2018）——这一点并不意外。与其他资本主义企业一样，谷歌的运营建立在追逐利润的基础上，而不是没有法律约束力的书面行为准则。一项更全面的欧盟研究提出使用算法时应该注重公共利益和问责（Koene et al.，2019），AI Now研究所的报告同样给出了若干大胆的建议。报告要求人工智能企业"放弃商业机密，以及其他可能妨碍公共部门算法问责的法律主张"，因为"政府机构和公共部门必须能够理解并解释制定决策的方式和原因"，当务之急是"使力量对比重新向有利于公众的方向转变"（Whittaker，Crawford，Dobbe et al.，2018：42）[①]。

但是纵观美国金融监管的历史，监管法律历来会运用公共利益的概念对抗市场，更多情况下把它作为一种修辞手法而不是监管的实际依据（Sylla，1996）。在法律制定者眼中，公共利益充其量是个模棱两可的概念（Keller and Gehlmann，1988：338）；更悲观的看法则认为，公共利益是

---

① 同样由AI Now研究所发布的《算法影响评估：公共机构问责的实用机制》（*Algorithmic Impact Assessments：A Practical Framework for Public Agency Accountability*）（Reisman et al.，2018）和《算法问责政策工具箱》（*Algorithmic Accountability Policy Toolkit*）（Anon，2018）提出了一系列更具体、更实际、操作性更强的建议。

市场主体利益的衍生品，服务于"效率、竞争与资本形成"（Huber，2016：419）。以此而论，对伦理和公共利益的诉求表明，外界并不了解政府机构和公共部门活动背后的推手。资本主义逻辑必然主导着GAFAM以及该行业其他龙头企业的研发方向，而对于超越资本主义逻辑的人工智能应用来说，用公共利益来代表非营利性生产活动的未知逻辑仍然是个有问题的命题[①]。

小结

自主机器很容易激发公众的想象力，也为创造新财富的经济目的提供了一种技术手段。在发挥未来产品和服务的潜在市场价值方面，积聚和集中的资本具有先发优势。站在垄断的立场上行事提供了众多吸纳风险的机会。凭借庞大的资本和劳动力资源，再加上有利的监管干预，GAFAM轻松成为人工智能发展的领头羊。但可以肯定的是，人工智能不会消

---

① 虽然我们了解推动资本生产的因素（资本积累）、直接目标以及衡量成功的标准（以利润形式出现的剩余价值），但是非营利活动的情况有所不同。

除资本主义的某些主要矛盾，包括资本与劳动之间的核心矛盾。而在延迟逻辑和未来导向思维的推动下，人工智能可能创造出一个更加不稳定的环境。在平等、社会效益、监督等涉及劳动者和工作过程的问题上，市场采纳和利润榨取的逻辑目前处于有利地位。今后将出现新的劳动分工，劳动者将运用新的技能，企业也将利用兼职劳动者来满足人工智能系统日益增长的数据需求。至少可以认为，GAFAM在这些方面的表现算不上很出彩。算法和算法驱动型系统的不透明性不利于监管，一方面会助长不受阻碍的资本积累，另一方面会妨碍监督和监管。把人工智能等未来技术的发展完全交给资本只会带来更多风险。展示新的劳动分工和混淆、新的商品化形式以及人工智能驱动的生产具有的复杂性，是使这些领域面向劳动者集体行动和监管的必要条件。

第3章
外卖骑手

◎ 本杰明·赫尔

为约束并控制劳动，资本主义劳动过程会有意识地构建和实施算法。评价工具、数据提取与跟踪技术把算法纳入其中，这一切都促进了管理监督，从而便于榨取劳动（Gandini，2018；Srnicek，2017；Woodcock，2020）。有观点认为，算法化工作场所的这种劳动量化会给劳动者带来更强的异化感（alienation）（Moore，2018）。有人可能会说，当劳动者面对资本主义劳动过程的空白逻辑时，使用算法或许有助于"摆脱"这些从属群体。但如果情况并非总是如此呢？如果劳动者的认知受到其他因素的影响，不觉得自己是利润生产的工具呢？

本章以"着眼于人们如何体验资本主义的经验性研究为重点"（Moore，2018：127）。为此，笔者选择外卖行业的一家平台型公司作为研究对象，该公司依靠自动调度派单并在送餐过程中使用算法来管理劳动过程（Herr，2017，2018）。笔者询问外卖骑手（配送员）如何看待自己的工作，以评估算法化工作场所在受访者叙述中的相关性。对所有旨在争取工人阶级权力的方案而言，这类认知都是重要却又被忽视的出发点。

算法化工作场所：机械从属还是自主性？

大致来说，马克思主义技术观强调技术在资本主义劳动过程中对资本积累的作用。这既可能是因为技术提高了生产力，工人在一定时间内的产量相对更高，也可能是因为技术强化了对工人节奏和活动的控制（Marx，1962：492）。在《资本论》"机器和大工业"这一章里，马克思阐述了伴随工厂制度兴起而出现的去技能化问题。技术改变了劳动过程中的社会关系，使机器从属于可替代的工人。马克思坚持认为技术不具备中立性，它是阶级斗争的工具，会改变和稳定剥削关系，而技术的特殊应用使活劳动沦为机器的附属品。这种观点被法国哲学家德勒兹和瓜塔里（Deleuze and Guattari，2005）采纳。为理解当前资本主义剥削方式下权力关系的本质和再生产，两位学者提出一个可以重新表述为机械从属的概念。这个概念强调人体的从属地位，以服务于更大的生产机制。人体退化为机器部件，使人类劳动进一步抽象化。在德勒兹和瓜塔里看来，后工业时代的工作对资本主义积累的重要性日益增加，加之新技术（尤其是人工智能）的发展，催生出"一整套机械奴役制度"（2005：505）。机器利用主体——而不是主体利用机器——来满足利润生产的条件。这符合资本主义雇佣关系中增加劳动者互换性的趋势（Horkheimer and Adorno，2006），机械从属把人和机器变成劳动过程的可互换部分以增加剩余价值（Lazzarato，2014）。

通过审视当代资本对相对剩余价值的追求，我们认为人工智能的运用是确保阶级从属、模糊阶级关系并以新方式量化人类劳动的一种手段（Moore，2018）。以外卖平台为例，应用程序是生产的关键（Gandini，2018）。通过管理订单和预计配送时间，应用程序对劳动过程实施精细化控制（Edwards，1986：6），有意把骑手的酌情决定权降至最低以增强互换性。马克思、德勒兹与瓜塔里论述了为追求利润而设计的劳动过程中技术和人类劳动的关系，根据经验来看，外卖平台反映出了他们的观点。

外卖骑手对算法的工作原理知之甚少（Goods，Veen and Barratt，2019）。实际上，算法本身就会妨碍骑手的自主性

（Shapiro，2018），应用于劳动过程的技术则通过监控和评价系统进一步强化了控制（Gandini，2018）。然而，工作质量受到多重因素的影响，具有矛盾性和内在张力，算法的运用未必能完全决定骑手对工作的认知（Goods，Veen and Barratt，2019）。主观上令人愉悦的工作要素不仅包括算法调度，还涉及社会互动、骑行、户外活动等因素。

这体现出社会学家玛丽·雅霍达（Marie Jahoda，1982）在社会心理学研究中的主张。她承认在资本积累背景下工作具有剥削性的分析观点，同时指出工作也能满足人类必要的社会心理需求，例如对时间结构的需求或参与更大的集体努力。在不否认为资本工作具有剥削性的前提下，一种观点承认许多工作允许某种程度的自主性，这种观点非常接近雅霍达的主张。工作自主性的定义为劳动者有权控制自己的时间和活动，包括谁来决定工作节奏、工作时间、工作场所以及谁对承担的工作保持酌情决定权（Tilly and Tilly，1998：90）。有学者认为，赋予劳动者对某些工作任务的酌情决定权是在工作场所保持同意的有力工具。例如，布洛维（Burawoy，1979，1985）论述了劳动者如何参与旨在剥削他们的管理制度，弗里德曼（Friedman，1977）则首次把劳动者对劳动过程的酌情决定权加以概念化，使之成为管理者的控制工具。在弗里德曼所称的责任自主中，劳动者的异化感往往没有那么强。责任自主有助于一般控制，也就是使劳动者适应劳动过程的总体目标（Edwards，1986：6）。我们发现，即便劳动者可能受到管理控制，他们依然存在"自由的错觉"（Waters and Woodcock，2017）。

在研究外卖骑手时，批判性社会研究不应该忽视这种"自由的错觉"。尽管应用程序可能会指定路线（外卖平台就是这样），但送餐工作需要的是经验。骑手以一种自发和创造性的方式穿梭于大街小巷之间。与布洛维（1979）提出的"赶工游戏"类似，骑手也在"玩转"城市空间（Kidder，2009）。在主要为机动车设计的空间里，骑车从一个地方前往另一个地方有助于培养骑手的隐性知识。这些隐性知识既包括城市的心象地图（绕道、最短路线等），也包括在城市车流里的骑行技巧。隐性知识会影响个体的自主性建构，进而影响到骑手对工作关系的认知（Fincham，2006）。就算骑手受到控制，收入也不高，他们可能仍然觉得工作有自主性（Jaros，2005）。可以认为外卖平台也存在类似的社会动力学。例如，格里斯巴赫（Griesbach）等人在研究美国的外卖骑手后发现，受访者很重视平台赋予的自主程度。作为研究对象的各个外卖平台"确实允许骑手在何时上线和接受哪些订单方面拥有相对自主性"（Griesbach et al.，2019：13）。但这种相对自主性是有条件的，因为它"建立在算法控制的基础之上，包括激励性配送费、评价系统、不完全信息以及收入的不确定性和不可预测性"（Griesbach et al.，2019：13）。对于如何前往目的地，骑手可能在一定程度上拥有酌情决定权。虽然应用程序有助于简化导航过程，但是骑手也可以自己决定送餐路线（Veen，Barratt and Goods，2019）。

因此，前面的讨论可以归纳为两种观点：一种观点强调劳动者的机械从属地位，另一种观点则承认某些工作可能存在相对自主性。两种观点都会对劳动者产生影响，进而影响到他们以何种方式参与旨在恢复工人阶级权力的政治方案。接下来，笔者以一个典型的算法化工作场所——奥地利维也纳的一家外卖平台公司为例，通过几位骑手的叙述来探讨这两种观点。

给应用程序打工

这家外卖平台公司利用技术来协调大量骑手，同时限制他们完成工作任务的酌情决定权。一个典型的例子是所谓的双份订单，也就是从同一家餐厅接到两份订单。虽然第一单能按时送达，但第二单可能需要等待更长时间。尼克是一位23岁的外国留学生，兼职工作的他对应用程序处理订单的方式颇有微词，因为"在等待第二单的时间里，第一单应该已经送到顾客手里了"——应用程序在餐食准备好后才会显示顾客地址，如果有两份订单，那么骑手需要确认两份订单才能查看顾客地址。换句话说，当餐厅准备第二单时，骑手无法先去送已经准备好的第一单。顾客地址完全按照算法所规划的顺序显示，骑手不能自行重新安排订单，这可能导致送餐延误，从而影响收到的小费。

对于技术的特殊应用，持批评态度的还有戴维。这位训练有素的铣工做过多年的外卖骑手，他在平台接单时也遇到过任务分配的标准化问题。戴维详细讲述了一个例子。在接到一份订单后，他不得在同一家餐厅等待下一份订单：

> 我要在那家餐厅等待10分钟才能拿到餐食，我认为这种等待毫无意义。我本可以先去送第一单，然后准时回来。如果依照他们（管理人员）要求的方式工作，我就得等上30分钟。但是向他们解释并没有用，因为没人把你当回事。

戴维很怀念某种社交亲密感。外卖骑手"只是平台追踪的一个点"，而不是活生生的人。这与戴维早年在快递服务业工作的感觉大相径庭，那时他觉得自己与同事的关系很密切："在许多快递公司的工作经历告诉我，人际关系极其重要。"

给自己打工

如前所述，维也纳的这家外卖平台公司围绕应用程序来组织劳动过程。应用程序提供指向谷歌地图或其他地图服务的超链接，这些地图服务会给出从骑手所在位置到顾客或餐厅的路线，但骑手不一定要按照给定的路线行进。因此，可以把外卖骑手分为三类：第一类骑手依靠个人经验或街道地图自行规划送餐路线，他们和城市中典型的自行车快递员几乎没有区别；第二类骑手可能使用谷歌地图，但不使用导航系统；第三类骑手同时使用谷歌地图和导航系统，并采用标准化和自动化的方式送餐。塔米诺就属于第三类骑手。

19岁的塔米诺正在准备大学入学考试。他和父母住在一起，送餐工作的收入对他来说是一种"奖励"。塔米诺对笔者表示，他既使用谷歌地图提供的路线，也使用导航系统。

大体而言，导航系统令骑手沦为单纯的骑行工具。另一位骑手曾经告诉笔者，导航系统"非常了不起，我完全不用操心路线问题"。塔米诺代表了自动化程度最高的那部分骑手，所以笔者问他，工作是否会因此而变得乏味。塔米诺答道：

> 不会。从技术角度来看是有点枯燥，但交通和城市充满活力、不断变化，而且会持续发展下去。每天都能遇到不同的人，每天都能经过不同的街道和社区，每天都能发现新的餐厅，诸如此类。我对这份工作感兴趣的原因就在于此。

尽管工作任务可能千篇一律，但实际的工作体验（在城市中穿行）也会影响骑手对工作的认知，因此算法管理或许不是决定骑手体验的唯一因素。塔米诺就是诠释这种观点的一个绝佳范例。一方面，他的工作由自动调度系统界定；另一方面，他提到一些不受调度系统影响的因素，这些因素决定了他对工作的认知。因此，在恢复工人阶级权力的政治方案里，针对管理控制的分析也需要把工作体验纳入考虑。

以埃利亚斯代表的外卖骑手则更接近典型的自行车快递员。奥地利的劳动法规定，来自其他国家的移民需要在抵达奥地利后4个月内找到工作。通常情况下，骑手必须以自由职业者的身份工作至少3个月才能受聘于维也纳的这家外卖平台公司，埃利亚斯则有所不同，他立即就得到了聘用。平台的"街头存在感"以及"相当惹眼的招聘活动"吸引了他的注意力。埃利亚斯表示，他不必待在办公室里，所以送餐工作是他最满意的工作之一。埃利亚斯和我们分享了自己的骑行背景，他觉得自行车是最好的交通工具。在埃利亚斯看来，外卖骑手大都心胸开阔（"我想这是锻炼的结果"），他很乐意成为其中的一员。此外，这份工作的社会环境对他这种移民来说很友好。至于外卖骑手的待遇，埃利亚斯在对比类似的工作后得出结论："与把包裹从一个地方送往另一个地方的自行车快递员相比，我们的工资还不算低。"

埃利亚斯从交谈一开始就把话题引向如何规划路线，他说送餐工作有助于自己熟悉维也纳。他起初使用袖珍地图寻找路线，但是"到一定程度后就需要依赖骑行的经验"。埃利亚斯非常排斥谷歌地图，表示"所有专业骑手都不会选择谷歌地图给出的路线，因为那些路线十有八九不靠谱"。骑行经历可以增进他对维也纳的了解，"近路"和"红绿灯分布"会影响他的路线选择。从埃利亚斯的叙述可知，骑手的工作不是由订单分配算法决定，而是通过骑手的认同感塑造而成。

可能是错觉，但的确存在

在关于外卖平台的讨论中，学者们一致认为，作为研究对象的那些商业模式令骑手沦为自动化流程的附属品（Goods，Veen and Barratt，2019）。骑手成为算法的中间环节，"日常工作的体验变得近乎自动化"（Waters and Woodcock，2017：14）。全球定位系统（GPS）跟踪提供持续的时间动作研究、打造精细化的绩效控制（Gandini，2018）并对人类劳动进行量化（Moore，2018）。这一研究方向与机械从属关系的社会哲学思想相联系，在这种关系中，人类处于从属地位以服务于更大的生产机制（Deleuze and Guattari，2005；Lazzarato，2014）。而探讨骑手的文献强调城市骑行带来的自主性，这种自主性会影响他们的工作体验（Kidder，2009；Fincham，2006）。

本章认为，应该重视这些环境中的"自由的错觉"（Waters and Woodcock，2017）。原因在于把劳动者组织起来以提高议价能力的出发点是劳动者，尤其要从他们对工作的认知以及工作中应用的技术入手。

数据表明，生产过程依赖于特定的社会关系，如从属于算法的劳动者。这一点在尼克接到的双份订单里体现得很明显，在戴维的叙述里也有体现，他怀念在其他快递公司工作时那种熟悉的社会关系。

但我们也发现，工作的其他要素可能会掩盖这些关系，从而催生出一种独特的工作体验（Jahoda，1982）。塔米诺便是一例，他按照自动化程度最高的方式寻找路线，但仍然喜欢送餐工作的其他要素（如四处探索）。埃利亚斯也形成了一种不受算法调度派单系统影响的职业认同感。两人都提到工作的一些要素，对他们来说，这些要素比算法如何派单或公司如何处理数据更重要。

一些学者强调了重视劳动者体验对社会研究的重要性（Moore，2018）。对于旨在促进工人阶级权力的研究来说，这一点尤其重要，因为每场斗争都是从参与斗争的劳动者开始发起的。上述研究结果表明，算法管理或许不是决定劳动者体验的首要因素。虽然算法使劳动者处于从属地位，但劳动者自己可能不这么想。这表明批评算法未必是最成功的方法。获得工人阶级权力的基础是人们的经验和活动，所以应该重视劳动者存在的"自由的错觉"。这要求我们从劳动者对工作的认知本身出发，而不是肯定"虚假意识"。实际上，人们需要"摆脱"算法化工作场所。

第4章
数字化产消合一、监控、区隔

◎ 爱德华·穆勒

产消合一理论的发展

个体生产和个体消费可能重叠，而且运用"纯粹"的二分法解释这两个过程缺乏分析准确性。这种观点可以追溯到工业化初期以及马克思等理论家（Ritzer, Dean and Jurgenson, 2012：381）。

在1980年出版的《第三次浪潮》（*The Third Wave*）一书中，阿尔文·托夫勒（Alvin Toffler）把生产者和消费者两个词合二为一，首次提出"产消者"的概念。托夫勒用这个概念来描述自己对消费者的设想，认为消费者会越来越融入生产阶段本身，类似于前工业社会的工人。在他看来，即将到来的"产消合一"时代源于某种新形式的参与式民主、劳动自主与自决权。尽管托夫勒没有考虑产消合一可能带来的负面后果（Fuchs，2011：297），但他从理论层面弥合了组织研究领域确立的管理者-劳动者二元关系（Gabriel，Korczynski and Rieder，2015），因此具有重要意义。

乔治·瑞泽尔（George Ritzer，1993，1999）提出一种更具差异化的可能性，他和托夫勒都认为社会已进入"产消者资本主义"的新阶段。根据瑞泽尔的主张，虽然产消合一始终是贯穿人类历史的社会经济行为的一部分，但它将逐渐取代现代社会中以消费者为中心的资本主义。相对于托夫勒乐观的设想，瑞泽尔指出了"产消者资本主义"存在的消极因素，例如"新形式的经济剥削、社会不平等与文化异化"（Zwick，2015：485）。

虽然托夫勒和瑞泽尔预测产消者将处于新经济时代的核心地位，但当代组织研究并没有高度重视这两位早期学者构建的概念体系。这种情况在21世纪初发生变化，商业学者从那时起开始采纳产消合一理论。"笼络""价值共创"等术语（Prahalad and Ramaswamy，2000，2002）强调消费者在生产过程中会发挥更大作用，这是一种有利于商业的积极观点。塔普斯科特和威廉姆斯（Tapscott and Williams，2006：15）也乐于接受这种观点。与托夫勒和瑞泽尔一样，塔普斯科特和威廉姆斯把产消合一定义为新经济体系的"核心活动",认为它具有创新性、创造性并能带来"新的经济民主"。"共享经济"一词在2005年前后作为一个积极的概念主导了数字化的相关讨论,其他一些描述产消合一实践的流行语和新名词也应运而生,如"用户生成内容""众包""用户创新""用户参与""开源""玩工"(playbour)以及"产用者"(produser)。

克斯廷·里德(Kerstin Rieder)和格尔德–金特·福斯(Gerd-Günter Voss)对于"工作型消费者"概念(2013)的论述,是对产消合一理论的又一个重要贡献。这一概念在2005年前后首次提出,之后十年里得到进一步发展。两位学者指出,"工作型消费者"的概念脱胎于福斯和蓬格拉茨(Voss and Pongratz,1998)对"劳动力企业家"的理论建构。"工作型消费者"和"劳动力企业家"的概念都认为,商品和服务生产过程中存在的既定关系正在发生根本性变化,因此"劳动力企业家"正在加强自我控制、以效率为导向的自我剥削以及自我管理。"工作型消费者"的概念完善并扩展了这种定界理论。里德和福斯(2013)指出,定义"工作型消费者"的三个核心特征如下。

1."工作型消费者"在生产过程中作为"准雇员"(Rieder

and Voss，2013：4）的身份；

2.即便"提供自己不使用，但是……为企业创造出附加值的服务"（Rieder and Voss，2013：4），"工作型消费者"的劳动往往是无偿的；

3."工作型消费者"成为雇员，原因在于他们使用软件、自动售货机等企业的生产资料，而且"个体消费的生产要素受制于组织规则和限制"。"但他们的工作既没有正式的法律形式和法律保障，也没有游说活动，所以不同于从事有偿工作的雇员"（Rieder and Voss，2013：5）。

有鉴于此，在里德和福斯（2013）看来，工作和个人生活之间的界限正在经历"双重定界"的过程。"劳动力企业家"认为雇佣过程削弱了自己的个人资源和生活，"工作型消费者"则认为无偿劳动侵占了自己的个人资源和生活。虽然在既定的雇佣关系之外工作并不是什么新鲜事，"但目前企业工作与个人生活的联系是全新的。……因此讨论如今的个人生活受到侵蚀是有道理的，这种侵蚀直到现在仍然是社会的特征"（Rieder and Voss，2013：7）。

通过一系列批判性传媒研究，克里斯蒂安·富克斯（Christian Fuchs，2010，2011，2014）重新探讨了"受众劳动"的概念（Smythe，1981），并把马克思主义理论应用于当代"数据资本主义"（West，2017）。富克斯指出，相对于"受众劳动"的早期概念，互联网用户"长期从事创造性活动、传播、社区建设以及内容生产"，所以比电视观众或报纸读者更活跃。由于这个原因，用户通过网络活动产生的数据被当作受众商品出售给广告公司。在富克斯看来，"考虑到受众的长期活动以及他们的产消者身份，可以认为互联网时代的受众商品就是产消者商品"（2011：298）。用户在上网的大部分时间里是在为企业创造数据，因此富克斯观察到的"不是媒体朝着参与式民主制度的方向前进，而是人类创造力的完全商品化"（2011：301）。

数据资本主义和监控资本主义的概念

学界把企业大规模存储和销售用户数据的经济实践称为"数据资本主义"（West，2017）或"监控资本主义"（Zuboff，2015）。自2013年美国中央情报局前雇员爱德华·斯诺登（Edward Snowden）揭露美国电信企业和美国国家安全局的监控行为以来，媒体和科学界对这个问题的关注度有所上升（West，2017：4；Zuboff，2015：86）。2018年，剑桥分析公司的丑闻曝光，这家英国咨询公司收集了大约8700万脸书用户的数据，并在没有征得用户同意的情况下把数据用于美国和其他国家的政治竞选广告（Rosenberg，Confessore and Cadwalladr，2018）。此外，除了脸书、在线约会应用程序Tinder等跨国公司一直在挖掘和销售用户数据（Duportail，2017），奥地利公共邮政服务等小型企业也有类似的行为。

萨拉·迈尔斯·韦斯特（Sarah Myers West）提出"数据资本主义"的概念，旨在"描述从以在线销售商品为前提的电子商务模式转向以销售受众为前提的广告模式——或者更准确地说，转向以销售与用户数据有关的个人行为特征为前提的广告模式——会产生哪些后果"（2017：4）。在韦斯特看来，数据资本主义的核心是用户与企业之间存在巨大的信息不对称，因为只有少数实体有能力获取和分析数字痕迹并使之商业化（2017：18）。

媒体社会学家肖莎娜·祖波夫也发现，用户与谷歌、脸书等科技巨擘之间存在信息不对称和司法不对称的结构。祖波夫提出一种"新的、完全制度化的积累逻辑，我称之为'监控资本主义'……在这种新体制中，计算机中介传播的全球架构将有界组织的电子文本转变为跨越世界的智能有机体，我称之为'大他者'（Big Other）"（2015：85）。

祖波夫参考了虚拟商品的概念，这个由卡尔·波兰尼（Karl Polanyi，1957）提出的概念把自然、劳动与人类视为纯粹的商品。就数据资本主义的经济实践而言，祖波夫推断这种利用新发现的商机的形式会挑战关于隐私的社会规范，因此被视为违法行为而受到社会的质疑。

总结产消合一和数据资本主义理论可以得出以下4个主要结论。

1.尽管各种产消合一理论的批判性方法存在明显差异，但大多数理论认为，技术进步将促使消费者成为企业商业模式中不可或缺的环节。

2.由于"数字产消者"越来越多地通过数字化来创造利润，因此他们也比先前的产消者更容易融入提供商品和服务的组织。

3.即便在生产过程中可能会获得回扣或其他奖励，"工作型消费者"或"产消者"提供的劳动或信息仍然是无偿的。

4.虽然上述主要理论强调了"数字产消合一"和数据资本主义的模糊性，但大多数理论缺乏更全面的方法来分析产消者使用、获取并销售的各类资本。之所以如此，可能是因为某些学者运用了马克思对资本的定义（Comor，2015；Fuchs，2011；Ritzer and Jurgenson，2010）。因此，下一节将阐释布尔迪厄的社会学理论，并概述多种形式的资本、社会场域与惯习。

数字产消者、组织与布尔迪厄的关系社会学

20世纪80年代以来，法国学者皮埃尔·布尔迪厄的关系社会学理论在组织研究中受到越来越多的关注，不过这一理论的整合在很大程度上仍然是零散和间接的（Hallett and Gougherty，2018：273f）。虽然学界已经把布尔迪厄有关社会场域和资本的概念（Bourdieu，1989，2008）运用到组织研究中，但艾米尔拜尔（Emirbayer）和约翰逊（Johnson）认为，"在布尔迪厄提出的3个主要概念中，第3个概念——惯习——应用于组织研究的次数屈指可数"（2008：4）。本节将针对这3个主要概念给出恰当的简要定义，然后运用它们来讨论近年来出现的产消合一理论。

社会场域

布尔迪厄认为，场域是斗争场所，社会生活发生在场域中。场域的参与者彼此对立，并就"社会建构的集中式意义框架"或"场域的利害关系"达成共识。"布尔迪厄的场

域具有相对自主性，这意味着每种场域往往都有各自的逻辑（或'游戏规则'）和历史"（Kluttz and Fligstein，2016：189）。根据布尔迪厄的游戏隐喻，玩家（社会行动者）之间争夺位置和地位，尤其是争夺制定"游戏规则"的权力，这些规则主导着场域的社会关系。此外，更广泛的社会环境和社会依赖性会纳入众多子场域，所以多个社会场域有可能相互重叠或彼此影响。在布尔迪厄的概念体系中，支配者利用自身能力控制利害关系，以此对其他个体或团体发号施令（Kluttz and Fligstein，2016：189）。这种支配往往以"变相的形式"出现，受到的阻力越大，现有的权力不平衡就越难延续（Bourdieu，1990：128）。

资本

在社会场域中，支配地位主要来自个体和团体贡献给场域的资本。布尔迪厄（2008：16f）指出，资本包括经济资本、社会资本、文化资本三种基本形式。鉴于文化资本的占有和流通条件比经济资本更隐蔽，布尔迪厄也使用"符号资本"的概念来描述文化资本。他认为文化资本"倾向于作为符号资本发挥作用，即不承认它是资本，而承认它是合法化的能力，是具有（错误）承认效力的权威"（2008：

18）。大致来说，不同形式的资本可以相互转化，但这种转化的条件、质量与成本在特定时期可能有所不同（Emirbayer and Johnson，2008：11）。因此，社会行动者根据自身的资本禀赋在场域中进行再生产并争夺权力关系（Kluttz and Fligstein，2016：189）。布尔迪厄提出的资本理论有助于我们理解资本如何影响社会持久性和变革的动力。

惯习

在布尔迪厄的场域理论中，第三个主要概念是"惯习"（Bourdieu，2010）。惯习通过社会化而内化，它是"认知能力和评估能力的集合，构成了一个人的感知、判断、品味与行动策略"（Kluttz and Fligstein，2016：189）。行动者在社会场域中采取的策略和行动来自惯习，原因在于惯习"使行动者能够在社会世界中理解、前进并行动"（Kluttz and Fligstein，2016：189）。布尔迪厄认为，产生惯习的社会模式是"社会秩序再生产条件和生产工具本身的组成部分，需要借助群体灌输的配置才能发挥作用"（1990：130）。惯习本身往往源于社会结构和秩序的再生产（Bourdieu，1990：160）。它既是产生实践的系统，又是认知和欣赏实践的系统（Bourdieu，1989）。

尽管惯习在布尔迪厄的理论体系中处于核心地位，但大多数组织研究并不重视这个概念。正如艾米尔拜尔和约翰逊所强调的那样，"没有惯习，场域和资本的概念……就毫无意义"，这种"几乎完全忽视惯习的情况……进一步证明对（布尔迪厄的）概念理解有误，而且对它们的潜在应用缺乏认识"（2008：2）。

场域理论和产消合一

就数字产消合一的社会现象而言，资本、社会场域、惯习这三个主要概念都可以为组织研究和布尔迪厄的场域理论提供丰富的见解。根据哈利特（Hallett）和高尔蒂（Gougherty）的建议，似乎应该考虑"扩展布尔迪厄的关系社会学理论，将组织互动视为蕴含符号权力和潜在冲突的社会关系；它受到惯习、文化资本与制度格局的影响，但不完全由这些因素决定，也会对理解组织生活产生一定影响"（Hallett and Gougherty，2018：288）。莉萨·祖克特（Lisa Suckert，2017：427）指出，布尔迪厄的场域理论方法既强调了模糊的权力关系和争论，也强调了经济协作的历史层面，因此对当代经济社会学尤其具有借鉴意义。正如哈利特所言，"在完成组织任务时，人们不仅按照正式的组织规则行事，而且按照惯习行事"（2003：130）。

在扩大数字化的过程中，用户对服务和商品的评价变得无处不在。大多数情况下，评价可以通过多尺度评分或评论的方式进行（Kornberger，Pflueger and Mouritsen，2017；Rosenblat and Stark，2016）。用户对社交互动中的交易缺乏安全感，这些评价系统能够缓解这种状况。因此，在服务和商品生产中运用评价系统的目的是最大限度地减少"转化问题"（Braverman，1974），也就是以尽可能高的剩余价值将工作能力转化为实际工作表现。以布尔迪厄的资本概念为基础，玛丽昂·富尔卡德（Marion Fourcade）和基兰·希利（Kieran Healy）提出"超级资本"的概念，以把握数字社会空间的立场和余地："超级资本与布尔迪厄认定的传统形式的资本相互重叠，但也有所不同。超级资本具备明确的物质性和数字形式……要经过计算……物质性使其成为一种偶然的经验现象。……可以认为个体的所有数字信息构成了超级资本"（Fourcade and Healy，2017：10）。由于上述原因，平台中介服务业的从业人员为树立成功的数字声誉而争夺用户好评，反之亦然——客户自身在某些情况下也会成为平台的评价对象。

在酒店服务（如爱彼迎和缤客）、叫车服务（如优步和来福车）、电子商务（如易贝和亚马逊）等行业，在线评价系统的应用日益增多。由于评价系统的具体设计仍然由平台掌控，因此用户只能（而且只获准）评价所用服务的个别方面。汤姆·斯利（Tom Slee）发现，"我们面对的信任问题相对较少，信誉机制甚至声称可以解决清洁、准时、友好等问题"（2017：93）。从布尔迪厄的角度讲，如何看待相当友好的服务员、整洁干净的房间或咄咄逼人的司机属于品味和偏好问题，所以和惯习密切相关。对个人或集体偏好体系和经济态度（Suckert，2017：418）等更复杂的配置来说，承认惯习的概念与众不同有助于从丰富的社会学角度看待这些新形式的评价实践。此外，针对叫车平台（Rosenblat et al.，2017）和酒店平台（Edelman and Luca，2014）的研究表明，服务业采用的评价实践会增加歧视、身心暴力与骚扰的风险（Moore，Akhtar and Upchurch，2018）。根据布尔迪厄的理论，这意味着现有社会不平等现象的再生产，必须由应用这些数字管理方法的组织来解决。

小结

为深刻理解平台资本主义中产消者角色的根本性转变，

本章着重探讨布尔迪厄的场域理论全面融入组织研究的重要性。"工作型消费者"执行管理任务，其线上和线下活动的私密信息往往被平台组织以非法方式进行商业化。虽然研究数字化的学者越来越关注法国哲学家和社会学家米歇尔·福柯关于权力、组织与控制的理论（Fuchs 2011；Kirchner and Schüssler，2019；Kornberger，Pflueger and Mouritsen，2017），但布尔迪厄的概念在这一研究领域的应用几乎还是空白的（Cole，2011）。同样，学界目前主要从马克思主义关于资本、异化与剥削的角度来探讨涉及数字产消合一的劳动过程。

在产消合一和组织的研究中充分运用布尔迪厄关于场域和惯习的概念（Bourdieu，2010；Hillebrandt，2017），有助于我们理解"数字产消合一"现象引发的各类问题。随着数字化产消合一实践不断增加（Antonio，2015），客户的惯习正在日益融入组织关系，这个概念尤其具有解释力。把用户的行为、社会关系、政治、文化以及其他偏好进行商品化，实际上似乎是在尝试把用户的惯习本身进行商品化。大型中心化企业会观察用户，然后决定他们应该接收哪些政治或文化信息，这体现出社会排斥和社会失衡的再生产。因此，在大多数涉及平台组织的市场中，公民权利和数据保护法规都存在争议，对于平台使用所收集的用户数据，公众要求提高透明度的呼声越来越高（Flyverbom et al., 2016；Galloway, 2011）。我们可以借助布尔迪厄的场域理论深入理解这些斗争和争论，因为对权力失衡和社会冲突的阐释是场域理论的主要优势之一。

第5章
预测的力量

◎ 乌韦·沃姆布什

◎ 彼得·凯尔斯

通过收集并连接大量数据，人力资本分析不仅有望提高人员管理实践的有效性（Manuti and de Palma，2018；Goodell King，2016；Sullivan，2013），而且可能为评价和控制员工开辟出一条新路。从"知识资本主义"的角度来看，人力资本分析只是一个相关领域，参与者努力"使员工拥有的无形资产……具备可计算性"（Vormbusch，2007：92），与之密切相关的是"自我分类法"的诞生（Moore and Robinson，2016；Vormbusch，2020）。因此，弗格森（Ferguson）在分析美国预测性警务的法律影响时指出，确实存在一系列"未来预测性技术"（2017：1115）。从全局来看，预测性警务、预测性人力资源、音乐和住宿推荐系统等数据驱动型策略同样致力于"控制未来"（Vormbusch，2009）。这些系统意在塑造未来的行为，也试图影响未来行动的政治、文化与规范框架。就未来的治理术而言，它们代表了尚未连接和尚未完成的不同模块。人力资本分析会扫描员工的所有交际活动（电子邮件、日常使用的电话和社交媒体、职业社交网络乃至个人网络），并把这些信息合并到统一的数据空间，供人力资源部门和新兴的数据专家阶层创建随时可用于各类分析的"数据替身"（Haggerty and Ericson，2000）。

本章首先参照管理学文献概述人力资本分析的一般性概念，尤其是管理性期望、定义、应用领域以及这些系统产生的具体知识，然后介绍利用算法观察、激励、预测员工的工作、学习与绩效时采用的典型实践，最后讨论预测性分析对控制/共同决策制、参与以及主体性会产生哪些影响。

人力资本分析：定义、管理性期望、应用领域

人力资本分析相当于劳动力分析或人力资源分析，可以定义为"依托信息技术的人力资源实践，采用人力资源流程、人力资本、组织绩效以及外部经济指标的相关数据开展描述性、可视化与统计分析，以产生业务影响并实现数据驱动型决策"（Marler and Boudreau，2017：15）。可以围绕算

法开展人力资本分析，从而根据以下信息自动筛选、分析并处理大量个人数据/人事相关数据和行为痕迹：

1.人事信息系统收集的员工信息（包括绩效和能力评估、证书、申请等）；

2.申请者或员工及其社交网络的公开信息（如XING[①]、领英或脸书）；

3.所有可信的行为痕迹（如员工的交际和工作行为及其职业关系网），可以通过在线协作工具、办公应用程序、企业内部网络以及电子邮件提供的位置数据记录或合并这些行为痕迹（参见Deloitte，2018；Höller and Wedde，2018；Strohmeier，2017；Angrave et al.，2016；Christ and Ebert，2016）。

人力资本分析可能适用于人力资源管理的整个价值链，从这种分析方法中获得的洞察或许可以为优化"员工认可计划、企业学习、适岗培训、资源规划、人力资源报告、胜任力管理、人才招募、学习和发展、继任管理或奖励"提供参考（Sousa et al.，2019：6；另见Mishra，Raghvendra Lama and Pal，2016；Goodell King，2016；Khan and Tang，2017）。

---

① 德国职业社交网站，于2003年上线。——译者注

有观点认为人力资本分析在管理革命中占有一席之地，数据驱动型决策以经过汇总的人员数据和绩效相关数据为基础（Davenport，2006）。从这个意义上讲，谷歌、宝洁以及其他创新型企业"不再依靠猜测来管理员工"（Davenport，Harris and Shapir，2010：1）。这种"循证"管理模式被视为竞争优势的决定性因素，因此人力资本分析越来越受到人力资源从业者、咨询公司与软件开发公司的青睐也在意料之中。首先，随着工作过程日益复杂化和数字化，对于记录、监测、控制并优化基于数据的工作活动以及围绕数据评估员工的绩效潜力，企业的兴趣与日俱增。其次，在衡量人力资源实践对企业目标或价值创造的贡献方面，人力资源部门一贯力有未逮（Brüggemann and Schinnenburg，2018）。虽然财务、营销等其他许多部门已经建立起以数据为基础的问责和控制体系，但"大多数企业的'人才'信息基础设施仍然相当落后，至少不符合企业的期望"（Huselid，2018：680）。如今，利用智能应用程序在云端实时采集和分析各类个人数据和行为数据已不再是天方夜谭，因此人力资本分析被视为改革人力资源职能并提高效率的有力工具（Manuti and de Palma，2018：40）。正如安格拉夫（Angrave）及其同事所言，一个关键问题是"现有的、本质上属于描述性的人力资源分析项目如何过渡到以衡量和模拟人力资本投入的战略影响为重心，从而创造出更强大的管理决策工具"（Angrave et al.，2016：6）。

工作中的预测性人力资本分析

传统的"描述性分析"采用波动率、招聘等可追溯性指标，而高级的预测性人力资本分析远远超出描述性分析的范畴。借助数据挖掘、机器学习以及先进的统计方法，预测性人力资本分析致力于监测并跟踪个体和群体的工作行为，分析人员数据以找出不易发现的关系，并通过构建模型来预测个体或群体的未来行为（Mishra et al.，2016；Christ and Ebert，2016；Goodell King，2016；Holthaus，Park and Stock-Homburg，2015）。因此，"衡量员工绩效和敬业度、研究劳动力协作模式、分析员工流动和离职以及建立员工终身价值模型"奠定了战略和运营管理决策的基础（Mishra et al.，2016：33）。

为优化人力资源和绩效管理流程，论述规范性管理的文献强调从新的高度把握"员工的个人生活和职业生涯"，以及他们的"态度、行为、个性与能力倾向"（Jain and Maitr，2018：201）。但对于如何开展预测性人力资本分析及其对人力资源决策和劳动过程的影响，相关的经验研究几乎是一片空白。不过，马德森和斯莱滕（Madsen and Slåtten，2017）从"管理时尚理论"的角度梳理了人力资本分析的兴起，麦克唐纳、汤普森与奥康纳（McDonald, Thompson and O'Connor，2016）则深入探讨了如何给员工"画像"。为数不多的现有文献指出，人力资源部门不仅缺乏技能型人才和胜任工作的能力，而且存在数据集成以及劳动和数据保护方面的问题，从而影响到人力资本分析的开展（Minbaeva，2018；Brüggemann and Schinnenburg，2018；Angrave et al.，2016）。这种情况表明，迄今为止可能仅有一部分敢为人先的企业积累了使用预测性分析工具的经验。

国际商业机器公司（IBM）公司开发的Watson Analytics和微软开发的Delve是两种主要的预测性人力资本分析工具。接下来，我们根据盖尔松（Gherson，2018）以及赫勒和韦德（Höller and Wedde，2018）的介绍简要讨论这两种工具。曾经担任IBM公司人力资源高级副总裁的盖尔松表示：

借助Watson Analytics，我们可以利用企业内部的数字足迹评估员工的知识水平，并对比员工所处职业群体的平均水平。Watson Analytics采用认知的方式工作，了解如何处理信息。这套系统会收集员工的技能数据，并以此为基础给出个人学习建议。……Watson Analytics 还可以检查员工需要具备哪些技能以"解锁"下一个数字成就，并向他们推荐相应的网络研讨会和内训/外训课程。……这套系统完全以人工智能为基础构建。（Gherson，2018：33）

根据员工的电子通信情况，Watson Analytics还能监测他们的情绪状况并预测情绪变化。盖尔松强调，这种实时监测实践的基本目标是建立一套高度灵活的预警系统，可以在矛盾激化前就发现问题的苗头：

在这个人们随时上网评论一切的时代，情绪分析总是很有帮助。我们的认知技术会观察用户的选词，并根据音调进行识别，确定用户的情绪是积极的还是消极的。这一切完全在IBM的防火墙之后进行，不会对外公开。……借助这种手段，用户很快就能发现是否存在需要引起注意的方面。（Gherson，2018：34-5）

赫勒和韦德（2018：33ff）介绍了这种采用Watson

Analytics的预防性监测实践如何运作，两人侧重于分析以下要素的可能性：员工绩效、内部团体（"小圈子"）及其合作关系、整个非正式企业网络（"社交图谱"）。行为痕迹分析的重点是所谓的"敬业度分析"（engagement analytics）：某种"个人社交仪表盘"将数据以聚合和清晰的形式呈现给所有员工，员工可以借此了解谁在阅读自己的电子邮件，谁在回应自己，谁在企业社交媒体平台上点赞、转发或评论自己的贡献，并根据这些信息相应调整自己的行为。算法会持续生成员工承诺的"总分"，包括"活跃度""反应能力""卓越性""关系网"等参数。这些参数的实际计算方法仍然秘而不宣，不过根据参数可以绘制出精细度极高的用户画像，给出每个人在社交图谱中的活动和"价值"。因此在联结主义的环境中（参见Boltanski and Chiapello，2005），"敬业度分析"堪称全面管理员工的组织可见性、项目胜任力以及社会声誉的杀手锏。在细节水平、社会影响以及对员工交际环境的渗透方面，这意味着企业具有主观化控制和自我优化的新品质。

用户并不清楚Watson Analytics和同类产品微软Delve（参见Swearingen，2015）如何计算各个分数并汇总得到总分，公司的人力资源专家可能也不了解。企业仍然对计算方法秘而不宣，客户无从知晓。由于这个原因，员工和劳资委员会都不知道如何重建在信息化背景下长期运行的最终计算结果，所以无法根据它们重新协商建议或决策。有趣的是，本案例中的IBM和微软属于服务提供商而非普通用户，有成千上万家不同的公司使用两家企业开发的软件。根据这些公司的"社交图谱"，IBM和微软为它们提供量身定制的评估。因此，两家企业在积累海量数据方面处于独占地位，利用这些数据不仅可以分析公司情绪的动态变化，还能分析整个行业的情绪波动和"流行"话题，进而从完全不同的高度预测行业乃至整体经济。在金融市场中，对希望了解投资环境变化趋势的战略投资者而言，这些信息的价值可能难以估量。即便此类信息的有效性和可靠性值得商榷，也依然有可能产生展演性效果，从而使被采纳的信息显得更加"真实"（参见MacKenzie and Millo，2003）。连接社交数据和企业数据能带来巨大的战略优势，外界认为这是微软在2016年收购领英、脸书在同一年携团队协作工具Workplace进军企业连接平台市场的原因。

讨论

很明显，预测性人力资本分析的主要对象是非物质劳动。尽管它不是第一种注重非物质劳动的控制体系（团队合作、具体的薪酬激励体系、目标管理同样注重非物质劳动），却是一种包罗万象的分析方法。预测性人力资本分析属于组织技术，在很大程度上借鉴了社交网络的逻辑。这种分析方法依靠数据而非零件（参考泰勒主义-福特主义时期典型的组织技术：流水线），因此从理论上讲，在数据驱动组合（大数据）中应用预测性人力资本分析具有无与伦比的灵活性。把迄今为止互不相关的行为痕迹和人员数据结合起来可能会获得新的洞察，但这种潜力严重受制于纳入画像系统的基本概念。在组织性社交图谱中，每位员工的价值取决于"活跃度""反应能力""声望""卓越性"等核心指标（IBM的"个人社交仪表盘"内置这些指标，微软Delve则采用名为"Delve组织分析"的类似技术），比较接近脸书和照片墙（Instagram）使用的评估算法。围绕这些指标制定出一套脱节甚至僵化的标准，并以此来衡量所有员工的表现。"活跃度"和"卓越性"的衡量标准绝不只是用来反映员工的行为和价值，还致力于规范和规定"有价值"的员工应该如何行事，它们代表了围绕当前管理时尚的认知和评价体系所制定的规范性标准。由于非物质劳动或知识型工作不存在普遍接受的衡量标准（也就是"敬业度""声誉""卓越性""社会关系网"等社会秩序的衡量标准），这些系统实际上创造出一套源自社会网络分析的新指标，从而把员工置于一种新的社会和组织等级制度中。因此，衡量和量化的意义不在于简单地计算之前可能存在的事物，而是"创造新的事物和类别"（Espeland and Stevens，2008：405）。在不考虑具体个性的情况下，衡量和量化带来的正是员工应该考虑自己、在组织上受到重视和满足的范畴。Delve、Watson Analytics等系统类别不仅衡量员工完成了多少标准化工作，而且衡量对个人身份和自尊至关重要的社会关系，因此这种忽视分析对象个性的情况更加严重。这意味着什么呢？

首先，每位员工采用不同的方式构建关系网、与人交流并把数据转化为有意义的信息，而目前的预测性人力资本分析对此完全视而不见，令这种分析方法成为社会正常化和强制的系统，而不仅仅是协作性工作工具。近年来，"多样性"不仅见于公共话语，而且被奉为管理准则，但是Delve和Watson Analytics在构建员工价值体系时完全没有考虑这个受到广泛关注的概念。这种围绕算法构建的社会绩效文化催生出一个悖论：一方面，有关组织、工作、市场前景的管理理论经过概念化，相较于以往更加动态、多变与开放；另一方面，预测性分析系统针对员工的期望属性做出实质性的规范化，如此一来不仅会损害个人的多样性和个性，也会危及系统应对动荡前景的目标。

其次，作为分析对象的员工以及企业管理层和人力资源专家不了解计算核心指标所需的基本参数，至少会产生两方面的影响。第一，采用这种特殊的方式衡量和评价员工，所依据的管理正当性未必契合员工私下使用的评价性概念和非官方的组织文化，有可能令员工感到不适、恼怒甚至抗拒——那些习惯于我行我素的专家和知识工作者最容易受到影响，他们往往按照自己的方式构建信任和胜任力的社交网络。第二，"以'数据'的经济价值为基础的新型企业权力正在兴起"（Lodge and Mennicken，2017：2），其法律意义尚待研究：有意把成千上万名员工的沟通模式通过暗箱操作转化为量化数据和管理决策，会导致企业的共同决策体系完全失效。由此而论，赫勒和韦德（2018）指出，在方兴未艾的数据政治领域，巨头们不仅深刻洞察单一企业的社会图谱，而且对一个行业甚至跨行业的数百家乃至数千家企业了如指掌。由此催生出一个以紧密型寡头垄断为节点的企业间控制层，监督单一企业、行业甚至跨行业的社会图谱。企业层面正在形成一个新的数据专家阶层，其任务就是监控并操纵社交图谱。根据人事关系的不同，这些知识工作者要么掌据企业数据，要么在某些情况下掌握由全球龙头企业提供和汇总的数据。成千上万家企业把数据交给这些龙头企业处理，再从它们手中购买基于数据的分析结果。这一新兴的数据专家服务阶层代表了新的经济力量中心。这既取决于IBM、微软甚至脸书等分析上述数据的企业与只是利用社交图谱的普通企业客户之间如何分工，也取决于这一服务阶层将发展出何种忠诚度，以及企业内部的政治平衡会受到哪些影响。算法和大数据是否会颠覆工作组织中既有的冲突路线？换句话说，新的数据专家阶层作为一方，劳动者、人力资源经理、中层管理人员作为另一方，双方的矛盾在某种意义上是否会叠加于劳动者和管理层之间有争议的平衡之上？有鉴于此，是否可以认为算法知识正在无意中改变全体劳动者的联盟？重点探讨规范性管理的文献既没有充分论述这种监测文化对劳工政治可能产生的影响，也没有深入剖析雇主在收集、存储、处理与评估个人数据时需要履行的特殊勤勉义务。由此而论，布吕格曼和辛恩伯格（Brüggemann and Schinnenburg，2018）发现，由于北美和亚洲地区制定劳动和数据保护法律的自由度远高于欧盟立法框架，因此与欧盟的企业相比，预测性人力资本分析目前在北美和亚洲地区的企业中得到了更广泛的应用。

以下问题同样有待研究：如果员工在企业协作和社交媒体平台上点的每一个"赞"、发的每一封电子邮件都被数据驱动控制体系获取并经过算法加权，从而提取出大量无偿的"数据劳动"，那么员工是否还有机会规避企业的控制？就员工的整个社交网络和交际行为而言，这意味着一种主观化控制和自我优化的新品质。那些最适应系统内在规范性的员工很可能有能力"钻系统的空子"。在沿用团队合作、目标管理等控制体系时，很容易把预测性人力资本分析理解为一种数据驱动型尝试，这种尝试旨在进一步契合生活的真实异质性。如果希望这些系统给自己打高分，那么员工不可避免要调动更多社交生活和胜任力作为竞争手段（无论是为了升职加薪，还是仅仅为了保住饭碗），从而可能进一步加剧不同社会胜任力和出身的员工之间的隔阂。在探索生活主体性方面，目标管理、人力资源组合、团队合作以及薪酬激励体系只是取得了一定进展。作为一种数据驱动型尝试，人力资本分析致力于通过衡量和量化员工的社交生活并将其转化为待售的"社交图谱"，以最终完全解开生活主体性之谜。

第二部分

"伪装"人工智能

AUGMENTED
EXPLOITATION

第6章
在零工经济中争取劳动者的同意

◎ 吕卡·佩里格

　　劳动者为什么会努力工作？继布洛维（Burawoy，1979）的研究之后，劳动社会学家们从雇佣关系的角度深入探讨了这个问题。学界目前普遍承认，劳动合同本身不足以吸引劳动者进入企业，必须通过实施复杂的管理方案来争取劳动者的同意，最常见的做法是营造出布洛维所称的"选择的错觉"。因此，管理者付出极大努力引导劳动者的力量创造价值。近年来，工作数字化使企业争取到更多劳动者的同意，从而得以蓬勃发展。尤其值得注意的是，零工经济平台已经着手实现管理自动化，以证明自身对自雇者的依赖性。这种新的管理形式主要面临两方面的挑战。首先，就法律层面而言，自雇者应该有权自行安排时间并拒绝提供给自己的任何工作。由于没有劳动合同可以强制执行哪怕是最低限度的同意，因此吸引劳动者入职要困难得多。其次，远程工作意味着管理者和劳动者必须依靠智能手机里安装的应用程序相互沟通。这种情况下，平台如何自动争取零工劳动者的同意呢？

平台对零工经济施加的控制已经成为一个备受关注的话题。罗森布拉特（Rosenblat，2018）首次详细介绍了网约车平台的算法管理；伍德等人（Wood et al.，2018）深入探讨了微任务平台使用的监控设备；蒂科纳和马泰埃斯库（Ticona and Mateescu，2018）的研究指出，平台创造出一种劳动者无法控制的可见性，从而加剧了现有的不平等现象；坎特（Cant，2020）讨论了英国外卖平台户户送借助多个"控制系统"的算法来管理外卖骑手（配送员）。这些研究均采用自下而上的方式，通过采访劳动者得出结论，描述了他们在自动化管理方面的体验。本章将结合零工劳动者的经验和外卖平台经理的叙述给出补充性的见解，并探讨依靠自雇者的管理者面临哪些挑战。零工工作是劳动者与管理者之间不断协商的过程，管理者必须说服劳动者不要拒绝为他们提供的工作（Shapiro，2018）。从本章的讨论可知，数据驱动型管理存在局限性，平台往往要被迫放弃单纯的中介者角色以促成交易。

本章按以下结构进行组织：第一节将详细介绍开展研究所用的数据和方法，第二节将依次讨论配送费、游戏化、信

息隐藏这三种对平台管理产生深刻影响的管理手段，第三节
将以此为基础进行总结性讨论。

研究方法

　　2017年8月至2018年12月期间，笔者对瑞士西部地区的在
线外卖市场开展了调研，本研究即源于这次调研。笔者在该
地区5家主要的外卖平台担任骑手达6个月之久，从而得到接
触众多骑手和研究应用程序界面的机会，并得以观察骑手的
工作以及平台经理与骑手之间的交流情况。因为直接接触骑
手和平台经理，笔者还加入了3个聊天群，这些群编辑发送的
消息总数超过1万条。笔者在随后的6个月里采访了4家不同外
卖平台的24位骑手和11位经理，最后1个月前往某平台的办公
室观察各位经理的工作情况。

　　开展这项研究期间，瑞士本地的外卖平台规模较小，最
多只有十位骑手同时工作。研究接近尾声时，跨国外卖平台
优食（Uber Eats）开始进入瑞士市场。大多数外卖平台的总
部位于瑞士西部地区，因此更方便笔者深入观察平台管理。
应该注意的是，本地平台与跨国平台最明显的区别在于自动
化的应用。优食在匹配机制和定价机制中广泛采用复杂的

机器学习算法，而作为研究对象的瑞士外卖平台最多只使用
"手工"配置的简单算法，这就消除了一层不透明性，有利
于开展富有成效的研究（Burrell，2016）。出于保密方面的
考虑，后面的讨论仅在必要时区分本地平台和跨国平台。

提高接单率的手段

外卖骑手需要在两单之间等待很长时间。根据对匹配算
法的认识程度，骑手往往在外面（可能就在餐厅附近）等待
派单，平台正是在这时候向他们发送法律意义上等同于工作
机会的订单。平台必须在线派单，使用应用程序进行沟通。
订单出现的时间有限，骑手必须迅速决定是否接单，因此订
单页面通常会显示这一单的部分信息和骑手可以"点击接
受"的按钮。平台通过配送费、游戏化与信息隐藏来激励骑
手接单，下面逐一讨论这三种手段。

配送费

配送费是外卖骑手送完一单后获得的收入，由平台制
定。配送费包括时薪、固定费率、根据距离或其他标准制定
的浮动费率等多种形式，但平台会系统性选择某种据称能最

大限度激励骑手的定价方案。这一些外卖平台表现得淋漓尽致：曾尝试实施不同的定价方案，最后决定以距离为基础来制定配送费。平台经理最初采用时薪制，但很快改用差异化的激励措施。

"时薪制不可行，因为有些骑手会偷懒。"（1号平台经理）

平台经理随后为每一单设计固定的配送费率，但发现接单率很低，骑手开始拒接那些他们认为性价比不高的订单。

"他们觉得这种方案不太公平，因为远途订单和短途订单的收入没有区别。"（1号平台经理）

经过反复尝试，平台经理最终决定，根据最符合骑手偏好的标准为每一单设计不同的配送费率。但他们很快发现实施这种方案并不容易，因为首先需要充分了解骑手的偏好，然后才能收集相关数据并据此计算费率。经过考虑，大多数平台根据两个参数来计算配送费：配送距离和配送时间。

首先，平台认为配送距离可能是最重要的标准。在实施以距离为基础的定价方案时，平台经理先设定基础配送费，再以餐厅为中心按两千米一个区间的水平递增。应该说这种方案非常接近骑手对于理想订单的预期，但递增是不连续的，而且（最重要的是）没有考虑骑手当前位置与餐厅之间的距离。平台经理经常听到这方面的抱怨。虽然计算配送费时加入这个参数在技术上可行，但会显著增加预测的不确定性，原因在于配送费不会由顾客支付的价格来补偿。

其次，配送费根据接单时间而定。周六或周日晚上的配送费通常较高，最高可能两倍于周一下午的配送费，这种情况在一定程度上反映出骑手不愿意深夜工作。但是价格方案的设置非常粗放，尽管能激励骑手在周六晚7点登录平台，许多人仍然不愿意在深夜11点接受类似的订单。

某些平台采用更复杂的算法，把天气因素纳入考虑。为激励冒雨接单的骑手，平台会给每一单提供固定的补偿。总的来说，平台在设计配送费时最多考虑三项标准。为最大限度提高接单率，同时尽可能减少配送费，平台努力使设置的价格能反映骑手的偏好。不过骑手究竟如何评估是否接单呢？

骑手非常清楚理想订单的标准。在大多数骑手看来，理想订单应该具备以下特征：距离不远、道路平坦、天气要好、餐食不重、不会堵车、时间不晚、目的地不偏僻。换句话说，以这种理想订单的基础配送费为标准，每一项没有满足的条件都应该通过增加配送费予以补偿。

因此，平台的定价方案很难达到骑手对某份订单的心理预期。这种单方面且不明确的定价机制是骑手有时不愿接单的原因之一。某些情况下，当接到一份需要上山或含有大量饮料的订单时，骑手大概率会选择拒绝。从下面这段对话可以明显看出骑手的小心思。

平台："不是距离越远，收入越高吗？"

1号骑手："胡说八道！……另外，我会（随时查看）外卖箱的分量。……有一次……我的外卖箱里被塞进了十升餐食！"

由此不难看出平台制定的价格与骑手的偏好之间存在差距。虽然平台的本意只是充当连接餐厅和顾客的桥梁，但实际上难以提供市场出清价格，这一根本性缺陷表明平台无法仅仅作为消极型中介者发挥作用。由于这个原因，平台管理的主要目的是完善这种不完善的定价机制。为此，平台会采用两种手段：实施游戏化机制和隐藏部分订单信息。

游戏化

我们发现，如果收入能在某种程度上让骑手评估接单需要付出的努力，就可以提高他们接单的积极性。但是制定这些价格的数据有限，仍然存在改进的余地。对平台来说，取得骑手同意的另一种手段是把游戏化引入工作过程。本章讨论的游戏化是一种与游戏无关的管理实践，主要利用以收集排名积分为基础的软助推手段进行激励，与传统游戏的设计类似。因此，我们沿用伍德科克和约翰逊（Woodcock and Johnson，2018）的说法，用"游戏化"一词来指代自上而下的游戏化。在本例中，排名和奖励是实现游戏化的两种手段。

激励劳动者的第一种经典方法是对他们进行排名，把每个人的绩效表现公之于众，并希望他们为了获得利益——或是纯粹为了竞争——而相互竞争。排名是外卖平台普遍采用的手段，可以根据平均速度、行驶里程、停靠次数等多种指标来确定骑手的绩效排名。这些排名系统表明应该通过某种方式衡量骑手的工作，骑手则常常质疑这些衡量手段是否准确。他们经常揣摩排名算法的机制，以便相机行事。一个典型的示例如下。为提高绩效指标的透明度，某平台向骑手发送了一系列电子邮件，详细解释了如何精确测算平均速度。邮件内容如下。

（排名）系统的机制如下：

● 每30秒测算一次骑手位置。

● 只测算停靠之间的数据（因此单纯为了自娱的骑行不会影响排名）。

● 仅在时速高于5千米、低于50千米时测算速度。

（平台经理2）

这些信息最终令骑手更加困惑。有人对测算方式提出疑问，尤其是考虑到应用程序每隔30秒才测算一次平均速度，那么系统如何识别不到30秒的短暂停靠呢？平台经理既希望骑手充分了解系统规则，又不希望他们过于了解规则，以免"钻系统的空子"。

此外，平台把奖金作为另一种游戏化手段。通常情况下，骑手每周或每月完成一定数量的订单后会获得奖金。奖金本身与游戏化无关，但平台努力把奖金作为对骑手表现出色的奖励。仪表盘是所有外卖应用程序的一个重要功能，骑手可以借此清楚地查看自己的绩效指标。仪表盘会显示获得奖金的达标进度，以此制造出一种紧迫感，促使骑手提高接单率。骑手可以从仪表盘中看到每月完成的订单以及为获得下一笔奖金而需要完成的"剩余订单"。

信息隐藏

订单信息是平台争取外卖骑手同意的最终手段。骑手必须了解订单信息才能评估工作的性价比，从而决定是否接单。平台提供的信息往往非常有限，一张页面就能全部容纳。骑手需要根据这些信息决定是否接单。因为只有"点击接受"后骑手才有法律义务送餐，所以这个阶段对平台来说最为重要。那么，骑手会得到哪些信息呢？

首先是配送费，它是骑手眼里最重要的标准。对于完成订单后可以获得的收入，大多数平台避而不谈。有些应用程序会标明配送费为"10.00瑞士法郎"，而有些应用程序则不会提供相关信息。有一款应用程序给出了详细的送餐路线，据此可以粗略估算配送费，但在大多数情况下，骑手只能在不清楚收入的情况下评估这一单的性价比。这样处理可以避免骑手拒接那些他们认为没有价值的订单。例如，某位平台经理如此评价一位骑手根据配送费的过往经验来决定是否接单。

"他很会算计。他不清楚配送费的计算方式，但现在接到一份寿司店的订单，知道自己可以（从这份订单中）赚钱。"（3号平台经理）

这位平台经理的话反映出配送费与骑手的偏好不一致，从而表明透露配送费可能导致骑手区别对待某些订单。

其次是送餐路线的相关信息。为评估是否接单，骑手希望了解餐厅位置、顾客位置以及二者之间的距离。大多数骑手认为远途订单很累人，所以评估订单时把距离因素放在首位。由于任何平台都不会支付骑手从当前位置前往餐厅这段路程的费用，因此餐厅位置同样是骑手考虑的因素之一，他们很反感那些需要骑很长一段路前往餐厅取餐的订单。了解顾客的位置有助于骑手评估送餐路线，如是否需要爬坡或是否经过拥堵的街区。而如果目的地很偏僻，那么送完这一单后很难在附近接到下一单。不同平台提供的路线信息大相径庭，这很好地反映出平台拥有提供哪些信息的决定权。有些应用程序给出详细的路线信息，骑手可以通过应用程序的地图了解自己、餐厅、顾客的位置。而有些应用程序只提供餐厅的信息，因此骑手知道去哪里取餐，但不清楚要送到哪里。

最后，待送餐食的分量和体积对于骑手评估订单的辛苦程度至关重要。有平台经理曾考虑提供这类信息，但觉得技术上太过繁琐，能带来的好处却微乎其微。

> "我们考虑过标明所有菜品的体积，但会导致算法过于复杂。"（4号平台经理）

尽管如此，骑手还是会根据菜单的细节来估计分量。他们可以从菜品的数量或价格推算出待送餐食的分量，从而忽略那些分量过大或带有饮料（可能洒在外卖箱里）的订单。上面只是根据餐食分量的信息所做的推测，当然设计这种功能的主要目的并不是方便骑手拒绝接单。

由此可见，平台完全控制骑手在评估每份订单时可以看到哪些信息，因此能够从自身作为中介者的地位中获益。价格方案并非在所有情况下都能充分激励骑手，对于希望解决这个问题的平台来说，信息是个宝贵的筹码。远途订单很能说明问题：考虑到距离方面的因素，这类订单的配送费可能相当高，但是根据价格无法判断目的地是否偏僻。假如骑手掌握所有相关信息，他们就会"歧视"某些订单，因此平台通过隐藏部分信息来降低这种情况发生的概率。

讨论

本章探讨了平台如何利用配送费、游戏化、信息隐藏等手段来鼓励外卖骑手尽可能踊跃接单，从而实现管理自动化。不过还有两个问题尚待讨论，一是这种自动化对骑手接单有哪些影响，二是对零工经济的研究有哪些意义。

平台管理的有效性很难评估。在接受采访时，骑手经常表示激励措施不会对接单率产生任何影响。大多数人提到赚钱是促使他们做决定的主要因素，这意味着无论配送费、距离、奖金或其他标准如何，他们都会接受平台所派的任何订单。赚钱是骑手的唯一目的，挑剔本来就是一种奢侈。而在后来的采访中，骑手经常提到"这一次"由于下雪、正在吃饭、时间太晚、碰到朋友等原因，平台发来的订单突然变得索然无味。对于奖金的影响，一位骑手的评价如下。

"如果你计划工作到晚上6点结束，但在5点55分时收到一份订单，你会接吗？如果这是第15单，你会接（还能拿到奖金）；如果这是第8单，你可能想'我还有其他安排'，然后拒绝接单。"（2号骑手）

　　总体而言，尽管赚钱是骑手接单的主要动力，但平台仍然依靠这些激励措施来提高边际接单率。事实证明，在平台之间的竞争中，确保骑手不要拒接那些最棘手的订单至关重要。从这个意义上讲，把平台管理工具纳入分析框架对于理解平台构建的劳动力市场至关重要。平台通过收集的数据以及处理这些数据的算法来实施严格控制（Lee et al.，2015）。我们观察到平台管理影响市场的两种方式。

　　首先，把骑手提供的劳动力数量理解为平台的注册人数。平台不仅仅是连接供需双方的桥梁，它还会在多个层面上影响劳动力数量。无论是定价方案、信息隐藏还是游戏化，平台招收骑手的方式使人想起用于吸引客户的营销技巧。外卖市场最终提供的劳动力数量与其说是平衡的结果，不如说是因为工作工具中蕴含的不对称所致（Rosenblat and Stark，2016）。

　　其次，在这种劳动力市场中，价格取决于平台可以使用的度量工具。平台根据收集的数据计算骑手获得的配送费，其结果与算法应该能够计算出的理想均衡价格相去甚远。因此，订单价格根据距离、时间、天气等有限的标准而定，平台利用现有的计算工具来近似计算每项标准。平台估算骑手是否愿意接单，双方围绕评估订单价值展开复杂的博弈。研究和分析这种博弈使我们得以全面了解外卖市场的价格设定机制。一方面,平台经理设法预测骑手的偏好;另一方面,骑手根据应用程序提供的信息决定是否接单。

这项详细的研究指出,市场中介者对于市场形成起到至关重要的作用,研究市场中介者的最佳方式是观察他们为相关行动者提供的工具。零工经济致力于自上而下建立劳动力市场,因此是研究市场中介者的理想范本。

第7章
自动化和自主性?

◎ 比阿特丽斯·卡萨斯·冈萨雷斯

　　技术变迁与劳动自主性之间的关系是劳动社会学中经常探讨的问题，也是众多经验研究的对象。学界对这个问题的看法大相径庭，有些学者侧重于研究劳动者赋权、以工代赈、技能提升/技能多样化的技术潜力，有些学者则关注劳动控制、去技能化、岗位破坏等方面。近年来，方兴未艾的工作数字化再次引发有关这个问题的讨论，学界目前主要围绕数字化对劳动者行动范围的影响来评估劳动自主性受到的影响。

　　2017年至2019年，笔者所在的研究团队前往德国电子和通信技术行业的两家制造企业，对生产工人、技术专家、管理人员以及员工代表进行了47次质性访谈，从访谈中获得的经验性见解为研究技术变迁与劳动自主性之间的关系开辟了新的视角①。这些见解表明劳动者普遍存在自主意识，他们的劳动活动由不同的技术规定并监测，所涉及的技术主要包括辅助系统、企业资源计划（ERP）以及实时跟踪系统。

我们在调研时发现，这些技术与工作场所的劳动控制模式相互作用，可以从两方面影响劳动者能动性：一方面，技术的使用被纳入直接劳动控制策略，从而限制了劳动者的决策和行动范围；另一方面，技术作为控制策略的组成部分，依赖于劳动者能动性的需求和扩展——前提显然是这种策略能够发挥作用。两种劳动控制模式往往共存于同一工作场所，这种情况可能引发矛盾和紧张，劳动者经常不得不自己设法解决。

有趣的是，我们获得的经验性见解表明，劳动者似乎既不认为技术组织对自身行动范围的限制与更大的劳动控制有关，也没有把自身能动性在技术层面的工具化与这种劳动控制联系起来。这个结果促使笔者去探索劳动者的控制感是在什么情况下形成的。技术的主观影响同样应该引起注意，它可能是劳动者形成劳动控制感的关键因素之一。

---

① 本研究在SOdA项目的框架内进行。SOdA项目由慕尼黑社会科学研究所牵头实施，得到德国联邦教育与研究部的资助。

本章将探讨技术中介如何影响劳动者的控制感。在简要介绍这一经验性问题的背景后，本章将讨论以下问题：技术的使用（如何）影响劳动者实施和感知劳动控制的方式？这些感知与工作场所中资本统治的再生产有哪些关系？

调研对象的劳动组织

A公司[①]

A公司是一家大型非上市家族企业的制造厂，总部位于德国。公司开展无线电和测量技术领域的业务，客户主要来自贸易行业和公共部门。除实际的生产活动外，公司还提供系统设计、现场客户简报等服务。

作为调研对象的工厂是A公司下辖的三家制造厂之一，属于有限责任企业，其定位是"内部服务提供商"，主要生产保密通信系统。

相对于同行业的其他公司，A公司面临的市场压力较小，业务范围相对较大。然而，新的区域管理正在朝加强预

---

① 出于数据隐私方面的考虑，两家公司均未具名。

算控制的方向转变。这不仅会限制工厂及各部门的行动范围，也更强调各个层面的成本效率和创业精神。

A公司的员工总数约为1700人，其中4%的员工担任管理职位。在生产工人中，40%属于熟练工人，15%属于半熟练工人。其余员工为工程师和技术人员。从性别构成来看，女性员工的比例为25%，在管理人员中占3%。2/3的员工从事生产工作，1/3的员工从事行政管理工作。30%~40%的生产工人属于临时工，最近签订的一份公司协议预计能提供250份连续的临时合同。

工厂分为生产经理、部门经理、车间班长等三个层级。在生产部门中，约有20%的员工加入了德国金属工业工会（IG Metall）。工资按照工作时间计算，还包括绩效奖金。在我们开展调研期间，一份生效的公司协议允许根据工厂的目标实现情况灵活调整工资。因此，工厂向员工支付了大约2/3的强制性加班费，另外1/3则没有支付。根据订单情况，工作日加班和周六加班工作的情况可能普遍存在，但所有受访者都强调加班基于"完全自愿"的原则。我们发现临时工和正式工都会加班，因此自愿始终是相对而言的。弹性工作时间账户的理论限制为250小时，但因为其他长期账户的存在，所以可能出现的工作时间变动几乎不会受到限制。生产工人与车间班长甚至员工代表和同事协调工作时间，往往对自己负责。

A公司的组织结构分为九大部门：三个负责预制工作（机械加工技术、外壳生产与印制电路板生产）的部门、三个负责最终生产（加工和装配）的部门、一个服务部门、一个人力资源部门以及一个直接隶属于工厂管理层的"精益部门"。

B公司

B公司生产复杂的印制电路板、元件与开关柜，客户来自安全、医疗以及工业控制行业。公司属于所谓的电子制造服务商（EMS），专门生产成本密集型定制产品，并提供包括开发和生产在内的技术解决方案。B公司已经从传统制造企业发展成为共同开发制造（JDM）合作伙伴——公司不仅为客户生产电子组件和定制系统，而且与客户合作进行产品开发。

B公司面临激烈的市场竞争：据总经理介绍，仅在德国就有300~400家同类电子制造服务商。B公司拥有150位员工，属于中等规模的电子制造服务商。此外，东欧和亚洲的电子制造服务商也是公司的竞争对手。

B公司的员工工资按照工作时间计算，还包括5%的个人绩效奖金，奖金发放与否视主观绩效评估而定。所有员工理论上都有10%的利润分成，但由于公司在过去几年里并未实现赢利，因此没有向员工发放分成。

B公司实行6天工作制，员工每周工作35小时，每月有两个周六必须工作。如果任务繁重，员工会在周六加班。管理层表示，加班基于"自愿"原则，加班费高出日工资25%。但由于员工时刻担心工作不保，因此自愿程度是相对的。

公司设有4个生产部门，各自负责一个生产领域。每个部门有5～8位行政人员和8～20位生产人员，由一位生产经理领导。虽然各部门基本可以做到自给自足（拥有自己的研发人员和技术专家等人才），但公司仍然设有一个与生产无关的上级技术部门。该部门履行"交叉职能"，例如承担评估客户需求的技术可行性和组织可行性、研究技术解决方案、为管理层提供用于准备客户报价的信息等工作。制定每个生产步骤所需的时间同样由技术部门负责。客户报价既包括材料固定成本，也包括生产工时成本。管理层的策略是压缩预计工时以降低报价，从而提高公司的市场竞争力。这往往意味着生产工人不得不遵循不切实际的目标时间，也导致技术部门与生产部门之间的冲突日益增加。

从上面对A公司和B公司的简要介绍可以看到，劳动组织以及其他因素（如员工就业状况和公司市场地位催生出的工作不安全感）都会限制劳动者在工作时间等基本问题上的自主性。劳动者与技术的相互作用同样会限制其自主性，稍后将讨论这个问题。然而，两家公司的员工不仅面临行动范围的限制，管理者出于不同的原因也会依靠员工的能动性和自我责任感。笔者认为，技术同样是实现劳动者自主性的关键因素。

技术如何影响劳动控制的实施和感知？

构建理论讨论

在工作场所中，技术、劳动控制与资本统治之间的关系是批判性劳动社会学的一个经典问题。如今，公共讨论和学术讨论中无处不在的"数字化"为这个问题注入新的活力，近年来有关"数字泰勒主义"[①]（digital Taylorism）的讨论便

---

① 数字泰勒主义的基础是通过标准化和常规化的工具和技术来完成特定工作中的任务，以实现效率最大化。——中文版编者注

是明证。但是在笔者看来，当前的论述和传统的解释都没有考虑工作场所中资本统治的一个关键因素，那就是技术与劳动者的主观控制感之间存在哪些联系。本节将就此展开讨论。

劳动过程讨论始于20世纪70年代后期，从那时起，技术如何影响劳动者的行动范围（以及劳动控制）始终是学界争论的焦点问题。当时，布雷弗曼（Braverman）在《劳动与垄断资本》（*Labor and Monopoly Capital*）一书中指出，技术在劳动过程中的设计和使用呼应了劳动强化和劳动退化的管理策略。对这一论点的批判引领劳动过程理论进入第二个发展阶段①。相关讨论围绕"去技能化vs负责任的自主性，强制vs同意"的辩证关系展开（Vidal，2018）。与布雷弗曼的论点相反，弗里德曼（Friedman，1977）、布洛维（Burawoy，1979，1985）等学者强调了劳动者主体性与企业目标的相关性。布洛维在案例研究中指出，直接和强制性控制无法确保企业获得高水平的生产力，劳动者在生产过程中的积极合作才是关键，这种合作源于工作场所的"赶工游戏"。有鉴于此，布洛维认为通过扩大劳动者的自组织来获得他们的积极

---

① 关于劳动过程理论不同发展阶段的详细划分，参见Thompson and O'Doherty，2009。

同意对于资本统治极为重要。主体性问题不断为后来的劳动过程讨论提供论据。在奈茨（Knights，1990）和威尔莫特（Willmott，1990）看来，布洛维的工作是研究这一理论的第一步，但还不够。两位学者批评针对劳动过程的解释普遍陷入某种形式的客观主义，因而对主观化视若无睹；或者说，这些解释充其量是处于"自由"主体和"压迫"结构之间的二元对立。对这些批判的回应（参见Thompson and O'Doherty，2009）引领劳动过程理论进入第三个发展阶段，学界至今仍然争论不休。

在目前有关"数字泰勒主义"的讨论中，我们可以看到与布雷弗曼类似的观点。与泰勒主义一样，数字泰勒主义是一种以强制为特征的控制形式，限制劳动的行动范围和主体性以及概念与执行的划分。实时跟踪、数字化辅助系统、自动化等技术应用在劳动去技能化、劳动过程的碎片化和标准化等方面创造出新的可能性，从而把这一伟大的控制设想变为现实（参见Brown，Lauder and Ashton，2011；Nachtwey and Staab，2015；Altenried，2017；Butollo et al.，2018）。部分持反对意见的学者指出，数字泰勒主义方法有一定局限性。首先，数字泰勒主义几乎完全专注于当代资本主义经济的特定成分（主要是物流和众包），学界因而怀疑由此得到

的经验性结果能否推广到生产领域或其他经济部门；其次，
数字泰勒主义将限制性劳动控制视为管理层的唯一利益或主
要利益，从而忽视了数字化战略背后的劳动控制形式和其他
利益（参见Menz and Nies，2019）。由于上述原因，数字泰
勒主义认为主体性会破坏劳动控制，所以对劳动者的主体性
在工作场所行使资本统治的作用避而不谈。此外，仅从限制
的角度看待技术的主观影响妨碍了数字泰勒主义评估其他形
式的技术影响，如技术是否会影响劳动者的主观控制感。

本章致力于探讨这些感知是如何在劳动过程中与技术相
互作用而形成的，以及如何与工作场所中资本统治的再生产
相互关联。继汤普森和奥多尔蒂（Thompson and O'Doherty，
2009）的研究之后，笔者致力于继续完善劳动过程理论，在
运用唯物主义分析不断变化的资本主义政治经济学时将劳动
控制的实施和感知纳入考虑。

构建经验性问题

本章的案例研究表明，数字技术既可纳入强制性控制策
略，也可用于获得劳动者的同意。有趣的是，尽管A公司和B
公司借助技术手段限制员工的能动性或使其工具化，但员工
仍然在很大程度上拥有强烈的自主意识。下文将讨论这一明

显的矛盾，我们首先给出与两家公司生产工人的部分对话，以介绍劳动控制的现状以及劳动者如何感知劳动控制，并解释企业资源计划、实时跟踪、辅助系统等不同技术发挥的作用。

　　下面这段话出自B公司（电子服务制造商）的一位电路板装配工之口，可以清楚地看到在劳动过程中使用技术会极大限制劳动者的行动范围，但是劳动者并没有感觉到这一点。这位装配工告诉我们，以前在面包店从事销售工作时需要应付顾客提出的不切实际的要求，目前这份工作则不需要，所以她感觉现在更自由。

　　　　我曾是一位面包店售货员，整天都要和顾客打交道。……我觉得许多顾客很不错，但也有一些顾客会提出不切实际的要求，你得告诉他们自己对此无能为力。没错，面包店的工作毫无乐趣可言。……在B公司没有这些烦心事，我的确感觉更自由了。

　　有趣的是，当她解释"Royonic工作台"的操作方法时，我们发现操作这种组装电路板的辅助系统无疑是一项技术性很强的工作，组装过程中既不能出现任何变化，也不能即兴发挥。

你看，我把电路板像这样放在工作台上。工作台配有显示屏，顶部有一个用来指示元件安装位置的光指针。一排有五个不同的盒子，还有一个脚踏板，用手也可以推得更远。通过显示屏的光束可以看到元件的位置在左上角，这个参考点在这里。光束随后照射到电路板上。装有元件的盒子打开后，光束会照亮元件的安装位置。我还知道元件的极性：如果元件有极性，那么极性所在位置就会闪烁；如果元件没有极性，那么就不会闪烁。

在笔者看来，这个案例很好地诠释出以技术为中介的直接控制：借助劳动者与辅助系统的互动来限制劳动的能动性，从而把劳动控制分配给技术本身。但受访的这位电路板装配工感觉"现在的确更自由了"，这怎么可能呢？

笔者认为，原因在于技术具有理性和客观的特征。对劳动者来说，相对于武断和容易出错的个人规则（无论这些规则是由客户还是由主管制定），借助技术手段实现的控制更公平也更准确。

在询问其他员工如何看待B公司引进的新终端时，我们发现了类似的现象。这些终端能帮助管理者实时跟踪员工的个人位置和绩效，受访者以"准确"为由欢迎这一举措。由此可见，这种技术观既能为借助技术手段实现的控制提供合法性来源，也能获得员工的认可。这一点从我们与另一位电路板装配工的对话中可见一斑。

> 采访者：新终端现在能否更详细地追溯你的日常工作？
>
> 受访者：没错，对区域经理来说的确如此。
>
> 采访者：你觉得引进新终端有问题吗？还是无所谓？
>
> 受访者：完全没问题。……我觉得很公平，因为这些终端的准确性很高。

而借助这种形式的实时跟踪系统，员工还能在管理者面前维护自己的表现。B公司的情况尤其如此。从前面的讨论可知，B公司面临激烈的市场竞争，公司将其转化为高生产率的压力并传递给生产工人。在这种情况下，员工认为这些新终端有助于向管理者证明自己的实际工作。一位铣工解释了其中的原因。

> 这么说吧，我认为（引进新终端）不存在问题。……至少能证明那段时间里我没有偷懒，经理会看到：她在忙着测试方面的工作。

在某些情况下，技术并未纳入直接控制模式，从而限制了劳动者的能动性。技术也可以服务于间接控制策略，这种策略依靠技术来实现资本对劳动者主体性的工具化[1]。

电视和广播制造公司的情况确实如此，员工需要自己负责把自身绩效和劳动过程状态的相关数据录入ERP系统，例如记录出勤时间、已经处理的订单、处理这些订单花费的时间、尚未处理的订单等信息。ERP系统以数字化手段监测员工绩效并转化为数字指标，如所谓的"强度水平"。这项指标代表员工一天的出勤时间与生产时间之比，根据每份订单的预计处理时间进行测算。一位系统装配工向我们解释说，由于员工使用自己的用户名来记录这些信息，因此有权访问这些数据的人员可以重新跟踪员工的个人绩效。这位装配工不清楚是否有人使用或如何使用她的绩效数据，但似乎并不担心。

采访者：有没有人（重新追溯你的绩效数据）？

受访者：不知道。（笑）

---

① 但在实践中，直接控制和间接控制并非总是泾渭分明，我们经常在同一工作场所发现二者"你中有我，我中有你"。

采访者：那么你不担心吗？

受访者：不担心。其实用不着担心。

这并非个案。B公司的大多数员工认为——也希望——可以借助技术手段监测自己的绩效，但他们不知道公司是否会实施监测以及监测的具体形式如何。正如一位物流工人所说：

我想员工代表会控制我的工作完成情况，但我不清楚。

因此，ERP系统向管理者和劳动者提供生产过程状态和劳动者个人绩效的相关信息。从这个意义上讲，各类ERP技术相当于管理与生产之间的重要中介。然而，这些技术的作用不仅仅是提供信息。在劳动者与ERP系统之间发生相互作用的特定控制模式中，ERP技术有能力影响劳动者的行动和能动性。这种影响的形式包括两方面：一方面，劳动者就其工作活动所能采取的行动和做出的决策受到限制，因为ERP系统会严格规定劳动者的工作内容、工作时间、工作时长等指标；另一方面，劳动者的能动性是运用ERP技术的前提，以便获取信息、输入个人数据并评估数字化生成的数据。因此，笔者认为ERP系统的应用属于合理化策略的一部分，既针对劳动过程也针对劳动力，激发劳动者的能动性和限制劳动者的能动性并行不悖。换句话说，ERP不仅支持劳动过程的调节，而且支持劳动者的自我调节，管理职能因此可以（至少部分可以）通过技术手段从管理者重新转移给劳动者。

技术中介使个人监督变得越来越多余。从我们与一位电镀工人的对话可以看到，劳动者可能觉得自己没有受到控制（或者至少很难察觉到控制的存在）。

采访者：公司到底是怎么控制你的？主管怎么知道你在按照日程安排工作？

受访者：老实说，我一周都没有见到主管。（笑）

采访者：没错，可是他怎么知道你在工作呢？

受访者：我不清楚……

此外，由于绩效要求通过技术手段（如ERP系统）传递给劳动者，他们或许觉得这些要求直接来自ERP系统。倘若如此，那么无论是市场关系，还是这些绩效要求背后的劳动者和管理者之间的关系，都会因为技术中介的存在而变得不可见。从我们与一位物流工人的对话可以看到这一点。

采访者：你们有多少工作要做？

受访者：我们负责发货，也就是说，我们会拿到……
每天打印三次的委托单，这就是应该发送的货品。

采访者：这些信息由谁提供？

受访者：信息来自系统。

上述所有示例都表明，以技术为中介的劳动控制会产生一个相当有趣的效果，那就是技术拜物教。笔者认为，技术拜物教属于主观感知，不仅包括对技术设计和使用背后不平等的社会关系的神秘化和掩饰，而且包括对劳动控制的影响。从本章的讨论可知，技术拜物教既可能使劳动控制合法化并消除这种控制存在的问题，也可能使劳动控制以及与之相关的更广泛的社会关系难以确认。

小结

正如本章所述，在劳动过程中使用技术是影响劳动者能动性的关键因素，但不是唯一因素。这种影响既非单一也非线性，很大程度上取决于所用的技术以及控制方式：要么是直接和约束性的，要么是间接和激活性的。对于前一种情况，通过限制劳动者的行动范围，技术被分配给技术本身（如"Royonic工作台"）；对于后一种情况，部分管理职能从管理者重新转移给劳动者。技术的使用（如ERP）需要依靠劳动者的主体性，意在通过资本实现主体性的工具化。

尽管存在这些差异，但是本章给出的经验性示例表明，在劳动过程中运用技术会产生一种共同的影响：就组织层面而言，技术以某种形式影响劳动控制的实施方式；就主观层面而言，技术会影响劳动者的控制感。技术中介令劳动控制变得越来越非个性化或内在化，这种控制可能因为技术拜物教的存在而趋于合法化或模糊化。换言之，寄希望于某种中立、可靠、客观的技术，会掩盖其设计和使用背后存在的不平等的社会关系以及利益冲突。

但在劳动过程中，技术拜物教只是员工与数字技术相互作用的其他潜在主观影响之一。其他情况同样可能出现，这些情况非但不支持积累和权力的关系，反而可能通过揭示内部矛盾和动作分界点等方式产生威胁。考虑到数字技术在生产过程中的重要性与日俱增，无论是了解当今资本统治的再生产如何运作还是最终如何打破资本统治，掌握技术如何影响劳动者的控制感都很重要。

第8章
自动化能否获得客户信任？

◎ 乔治·博卡多

近年来，金融中介服务的变革日益广泛。数字平台、商业智能、移动应用、数字银行、虚拟办公室等概念在智利银行业得到越来越多的应用。在支持者看来，技术变迁关系到智利能否适应全球金融市场、提高创新的可能性以及创造技能型就业岗位；反对者则认为，技术变迁会导致就业岗位大量消失、社会保障减少以及劳动力的不确定性增加。不过除这些观点之外，银行业劳动过程正在以惊人的速度发生转变是不争的事实。

就银行业劳动过程正在经历的变化而言，自动化算不上一个新话题。实际上，自动化是一种长期趋势，这是在过去60年里表现出具体的特征。但是最近10年来，全球劳动过程的急剧转变促使学界开始重新讨论工作的终结、哪些职业将实现自动化、新的控制机制和劳动者抗争的形式、如何界定目前的自动化进程等重要问题（Brynjolfsson and McAfee，2014；Srnicek and Williams，2015；Briken，Chillas and Krzywdzinski，2017）。

银行业劳动过程的这些变化使出纳员、客户服务主管、电话银行主管等岗位实现了自动化。在其他情况下，日常工作已被取代；但事实证明，取代人际关系的相关技能并非易事。从这个意义上讲，银行业劳动过程的自动化（通过机器人和过程的计算机化实现）既取决于工作技能，也取决于银行员工与客户之间的信任程度。无论如何，新技术的引入正在改变银行的控制机制，工作场所也出现了新形式的劳动者抗争。

由此引出自动化是否不可避免的问题。银行职位是否一定会因为自动化而消失？自动化是否会催生出完全数字化的银行体系？劳动者会受到哪些影响？工会能发挥什么作用？

本章致力于解释智利银行业劳动过程中自动化、新的控制机制和抗争形式、获得客户信任之间的矛盾。笔者首先介绍银行业劳动过程引入的新技术，其次分析现代控制的种类、劳动去技能化和技能提升、新技术引起的抗争等问题，最后探讨银行业自动化的界限以及金融机构与客户之间实现信任再生产的可能性。

本研究根据探索性混合方法研究进行设计[①]。研究结果源于2005—2018年对银行中介服务劳动力市场趋势的分析，数据来自智利银行及金融机构监管局（SBIF）；在智利某大型银行根据性别和经验对员工、主管与工会负责人进行的36次深度访谈；以及在某银行工会开展的为期8年的调研。具体来说，深度访谈和调研在一家由智利资本控制的大型民营银行完成（2018年，该银行的员工人数和经济利润在智利金融机构中分列第一和第二）。通过研究智利银行业的劳动过程，我们发现了与其他许多国家银行业相同的特点，包括组织和薪资弹性较大、数字弹性较小、工会传统以及劳动过程中的女性主义。

智利银行业：自动化程度不断提高的行业

纵观历史，银行业比其他生产部门更早引入技术以组织劳动过程（Sathye，1999；Sadovska and Kamola，2017）。以智利为例，金融机构早在20世纪60年代就开始借助计算机来

---

① 本研究得到智利国家科学与技术研究委员会（CONICYT）国家博士奖学金的资助，项目编号为21161233。

集中管理客户账户、债务催收、核算体系与金融统计（Mella and Parra，1990）。到20世纪70年代末，智利与其他国家的银行体系通过环球银行金融电信协会（SWIFT）实现互联互通，金融机构还安装了自动应答设备并组建了客户服务呼叫中心。20世纪80年代至90年代初，办公室的财务流程开始通过全天候交易以及分支机构与银行之间的网上转账实现计算机化，部分职业也因为自动柜员机而得以自动化。进入21世纪后，金融机构建立起能提供多种在线服务的网页，还扩大了电话银行业务的覆盖面和服务范围。

所有这些技术改造都会抑制技术性职业和非技术性职业，或是取代日常的具体任务，银行业劳动过程中的控制机制和抗争也发生变化。但是，智利社会近几十年来经历了戏剧性的金融化（Moulian，1997），加之消费贷款增长以及教育、医疗、退休基金等基本商品的商品化（Ruiz and Boccardo，2014），导致对银行服务的需求不断增加，而银行服务所依赖的岗位却逐渐遭到淘汰（Mauro，2004）。

经历2008年严重的金融危机后，银行业引入重组劳动过程的新技术以增强自身实力。无论是大规模挖掘客户数据，还是提高行政程序和电话银行业务的计算机化程度，抑或通过多种数字渠道销售产品，都开始催生出一种创新的银行业务方案，越来越倾向于根据客户的特殊需求来"生产"定制化金融服务。

就这方面而言，实现职业和任务的自动化始终是金融中介服务的常态（Frías，1990）。那么，近年来自动化浪潮的原始特征是什么？哪些人受到这些变革的影响，他们又是如何受到影响的呢？

各项指标表明，智利银行员工的绝对数量从2015年开始减少；换句话说，职位减少的速度超过职位增加的速度。但是与1997年或2008年的金融危机不同，这种变化和经济形势没有直接关系（Boccardo，2019）。

智利银行员工[1]绝对数量的减少情况如图8.1所示。实际上，近年来，三大民营银行（标注为"TLPB"）[2]的员工显著减少，其他民营银行（标注为"RPB"）的员工减少速度较慢，而公营银行（标注为"PB"）的员工增长停滞不前。民营银行大量引入新技术并着力提高自动化办公的程度，公营银行则保持稳定——但是从2018年起，公营银行也开始顺

---

① 包括银行总部、分行、辅助部门和支持办公室的直属员工。
② 2019年9月，54.1%的经常账户、65.9%的本国货币以及49.9%的贷款集中在三大民营银行（TLPB）。

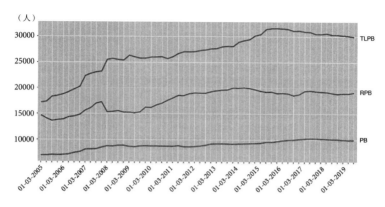

图8.1 智利银行员工人数（2005—2018年）

来源：笔者根据智利银行及金融机构监管局的数据所做的分析。

应自动化潮流。此外，金融机构在过去4年里削减了1181个直接相关的岗位，凸显出减少的趋势在进一步加剧。

银行业的这些变化不能单纯归结为任务和职业的自动化，这样一个复杂的问题很难完全用自动化来解释。原因有两个：首先，自动化的主要特征是新技术（Kalleberg，2001；Boccardo，2013）、职业日益浓厚的女性主义色彩（Crompton，1989；Riquelme，2013）、工会介入（Mauro，2004；Narbona，2012）等因素共同作用的结果；其次，近年来的证据表明，新技术不仅会淘汰一定比例的职业或任务，也在强化劳动去技能化以及对未被淘汰的银行员工的控制。

银行业劳动过程：自动化、新的控制机制与抗争

银行业的主要目标始终是通过提供金融中介服务来获取收入。集约利用主要资产（即货币和信息）催生出一种复杂的劳动过程，目的是将这些资产重组为货币托管、贷款、保险、各类财务咨询等银行产品（Frías，1990）。为此，高管团队必须明确阐述"银行业生产"的三个不同领域——总部和行政部门、实体分行或营业部、电话银行，而三者的共同点是客户与金融机构之间信任的生产和再生产。

总部和行政部门汇集了部门经理、内部流程主管、程序员、数据分析师、产品设计师、行政人员等熟练和半熟练员工，他们致力于管理并再生产机构客户和金融市场的信任、挖掘客户数据、设计金融服务和产品以及实施内部控制。在总部，熟练员工拥有相当程度的自主性；而在行政部门，行政控制占主导地位。

近年来，"商业智能"部门的出现彻底改变了金融业务。数字时代的银行业通过各类数据平台收集客户数据，随后借助机器学习技术利用这些数据，从而更好地了解客户的消费需求。为了向机构客户和富裕家庭提供财务咨询，商业智能部门还制定了消费者市场超细分策略。这一近年来新

组建的部门逐渐淘汰掉技术性职位（如程序员和数据分析师），代之以技能更适合新生产过程的其他职位。而由于商业智能部门有权"决定"向每位客户提供哪些产品，因此在办公室工作的商务主管和电话银行主管也会受到影响。金融行业一位经验丰富的工会负责人表示："商业智能部门为商务主管提供预批贷款的数据库，直接放在网站或移动应用程序上。"

银行营业部汇集了办公室职员、管理负责人、商务主管、出纳员、公共服务人员、安全员等半熟练员工，他们的工作涉及销售金融产品、管理客户投资组合、为公众提供销售和协助，以及为私人客户和企业提供财务咨询。开展这些工作的关键是掌握以组织为基础的情感技能和审美技能（Thompson，Warhurst and Callaghan，2001），以便在客户与金融机构面对面交流时生产和再生产信任。一位经验丰富的商务主管表示，关键在于"能否与客户产生共鸣。你和客户交谈时询问'为什么想这样'，如果对方能开诚布公地谈论这个问题，就说明他们信任你"。实际上，商务主管必须证明自己有能力与新老客户建立信任才能拿到所有浮动收入。假如客户的评价不高甚至终止与银行的协议，则表明主管不善于获得客户信任。就像一位年轻的商务主管所言："我们会开展客户公关活动，每天都要打电话祝他们生日快乐。我们还会开展关系营销活动。"销售失败意味着主管欠缺挖掘客户需求或者获得客户信任的能力。如果销售业绩不佳或评价较差，那么管理人员会私下召集员工分析情况。

近年来，随着客户服务机器人的部署以及内部程序和产品销售的计算机化，银行营业部一直在推进自动化进程。新设立的分行一方面削减出纳员或客户服务代表（现已实现自动化）、内部流程控制员（代之以具有一定深度学习能力的软件）、初级财务运营主管（代之以网页或移动应用程序）等岗位，另一方面增加面向销售和客户沟通的员工。如前所述，新的商业智能部门提供了潜在消费者的名单及其具体特征，因此商务主管不再拥有客户管理的自主权和控制权。这种现象涉及去技能化过程，因为主要由女性担任的商务主管既难以控制客户投资组合，也无法自主安排销售工作。同样，银行已着手部署与营业部绩效有关的计算机化控制机制以促进内部竞争。然而，这些新的管理控制平台对银行员工来说并不神秘（Moore and Joyce，2020）。实际上，客户服务平台的新负责人很清楚其中牵涉的人力工作（如发生错误可能影响季度奖金的计算）。此外，银行网点成为中小企业家寻找"办公室"（称为"workcafé"）、拓展商业人脉、获得财务咨询以及洽谈项目融资的场所——从某种意义上讲，主管如今扮演的是商业顾问的角色。

如图8.2所示，自2014年以来，民营银行（标注为"TLPB"和"RPB"）的银行营业部显著减少。实际上，仅在过去4年里，智利全国就有239家银行营业部关闭[①]。目前来看，这些渐进式变化还没有引发大规模的自动化进程；但它们标志着一种趋势，那就是除前文提到的质变外，传统的银行营业部正在转型为服务于各类企业家的商业环境。

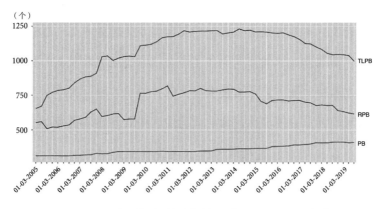

图8.2 智利银行营业部数量（2005—2019年）

来源：笔者根据智利银行及金融机构监管局的数据所做的分析。

———————————

① 包括银行总部、分行、辅助部门和支持办公室。

电话银行旨在服务客户、提交索赔，还提供托收和产品销售业务。这些业务对技能的要求不高，从业人员大多是掌握倾听、同情、电话微笑等技能的女性（Crompton，Gallie and Purcell，2002）。实际上，正如一位电话银行主管所言："我们仍然生活在一个充满性别歧视的国家。相当一部分客户是男性，他们更希望由女性提供服务。"近年来，电话银行推出自动应答设备（聊天机器人），并通过数字平台改善自助服务机制，以缩减规模和成本（Jacobs et al.，2017）。

在其他情况下，自动化控制机制已经从传统的数字屏幕和流量控制器（利用颜色来管理工作节奏）升级为人工智能软件，可以实时控制主管和客户沟通时的语气和情绪——这种"算法控制"（Wood et al.，2018）正在取代部分银行业务流程的直接人工监督。在这一劳动过程中，（人类）电话银行主管被置于新的监督机制之下是显著特征。

如图8.3所示，银行业劳动过程引入的新技术催生出生产性重组的两种并行变革动力：一方面，去技能化过程和更严格的控制使劳动强度提高；另一方面，某些职业或任务被直接取代。这一切都归结为银行业的转型，人类劳动和新技术的结合使新的金融服务"具备"越来越高的附加值。但是受

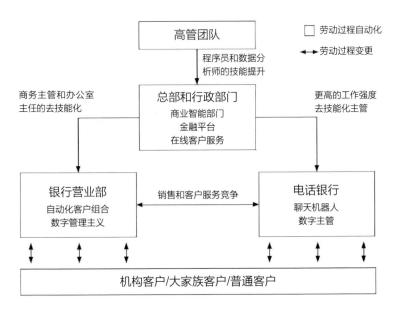

图8.3　自动化和银行业劳动过程的组织结构图

来源：笔者收集的数据。

到实施速度的影响，加之部分客户不信任与新技术的这种相互作用，导致一些措施要么被撤销，要么由于工会更积极的参与而进行调整。

　　不管怎样，控制机制的这些变化会引起各类抗争，劳动过程不同，抗争的形式也不同。总部和行政部门对组织变革造成的自主性丧失表现出抵触情绪（Friedman，1977），熟练员工则直接向领导层投诉。如果冲突上升到更高层次或工会介入施压，那么银行组建的焦点小组会提出诉求。莫维茨和阿尔温（Movitz and Allvin，2017）撰文介绍了瑞典银行业的经验，智利银行业面临类似的情况：管理团队领导的组织变革涉及引进和实施新技术所需的劳动技能，致使团队之间发生冲突。

在银行营业部，抗争的对象既包括自动化流程带来的劳动强度提升，也包括界定各个岗位职能的规则的不断变化，还包括日益增长的薪资灵活性，其结果是加入工会的领导层和主管人员逐渐增多。谈判工作（Ackroyd and Thompson，1999）通过个人对上级提出诉求或焦点小组集体提出诉求来进行；在发展并行机制的同时放慢实施变革的进程，以便对比计算机化系统产生的生产力；或者在违反谈判协议的情况下向工会提出申诉。一般来说，办公室主任会调整主管的管理标准以便能提供优质的服务，但是也必须考虑产品需求的增长。在布洛维（Burawoy，1979）看来，有一套正式和非正式的规则和处罚制度来鼓励"内部市场"中的竞争，还有一套化冲突为同意的诉求和集体协商制度。

最后要指出的是，在电话银行中，支付系统发生变化、银行网站出现故障、技术和直接控制机制（Edwards，1979）、缺少认同和休假不足是冲突的主要诱因。劳动者的抗争手段主要包括无故离职、因工作原因休病假、与主管争吵、集体给出差评，直至向工会提出要求。这些围绕劳动量和劳动强度进行的斗争（Ackroyd and Thompson，1999；Woodcock，2017）促使更多劳动者加入工会，劳动条件因而得以改善。

一言以蔽之，银行业劳动过程的自动化会引起各种抗争并促使更多人加入工会，但并非所有抗争都针对这些新形式的组织和技术控制带来的最大剥削。尤为明显的是，高管团队要求全员参与金融产品的销售工作，办公室主任和部分熟练员工则不愿屈从于来自领导层的压力。这种抗争意在确保服务质量，进而确保客户信任的稳定性，而银行业自动化未必能获得同样的效果。

银行业劳动过程的前景

自动化既不是线性的过程，也不是必然的过程。实现更深入、更广泛的自动化面临四大障碍：第一，在生产层面和组织层面全面推进自动化所需的运营成本，以及目前聘用女性劳动力相对较低的成本；第二，监管银行业的法律条文（如强制聘用内部安全员）；第三，部分工会的抵制；第四，整个银行体系的基础（即金融机构与客户之间信任关系的再生产）。

深化这一过程的主要界限之一是与人际交往直接相关的任务和职业的自动化，特别是旨在唤起客户与金融机构之间信任的那些职业。它受到不易标准化的情感技能、客户偏好传统营业网点的代际限制、交易的安全问题、现代虚拟应用程序的糟糕性能或组织变化等各种因素的影响。但无论如何，有证据表明，为大型企业和富裕家庭提供完全人性化的服务只是时间问题，其他客户能否获得当面交流的机会则取决于他们和银行的财务关系。

尽管反乌托邦预示着一个不劳而获的世界，但最有可能出现的情况一是新职业取代传统职业，二是传统银行员工（尤其是商务主管、出纳员、普通客户服务代表以及呼叫中心专员）的去技能化。不过到目前为止，加速推进自动化进程已经因为工会的介入而复杂化。工会仍然有机会在抵制劳动强度增加、鼓励技能提升、补偿受到技术性失业影响的群体等方面起到引领作用。因此，关键问题不是反对新技术，而是质疑将新技术用于增加劳动力剥削的资本主义生产过程。

综上所述，银行业自动化并不是不可避免的过程，其结果也无法事先确定。资本主义生产中的新技术改变了剥削形式和劳动过程的组织形式。一方面，平台控制使新型劳动力处于从属地位，其扩张会削弱传统的工会；另一方面，劳动去技能化的程度和速度对银行的熟练员工和非熟练员工都有影响，促使他们开始抵制新技术并以新的形式相互支持。因此，银行业劳动过程当前的变革可能会催生出另一种技术性更强、灵活性更高、女性主义色彩更浓的工会主义。有鉴于此，自动化的影响将主要取决于工会能否改变银行业的权力关系，使这些新技术成为实现更大自主性和福利的强大组织工具。

第三部分

"摆脱"人工智能

AUGMENTED
EXPLOITATION

第9章
历久弥新

◎ 亚当·巴杰

技术和快递业的情境化

在向后工业资本主义发展的过程中，快递业同技术和城市始终保持着共生关系。无论是技术进步、市场还是对愿意穿梭于拥挤街道的无畏快递员的需求，都令快递业前途未卜。作为跨越城市投递文件和包裹的唯一快速可靠的手段，快递业早在传真、扫描技术与电子邮件普及前就已如日中天。之所以能如此迅速，是因为英国皇家邮政、美国联邦快递等全国性投递网络所依赖的中央"配送中心"被取消，代之以敏捷、分散、能够直接上门取件并投递包裹的快递员队伍。快递公司的人类"控制员"负责接听客户电话并向快递员分派任务，利用个人和集体对城市的深入了解来投递包裹。

市场对快速投递文件的需求与相应的技术基础设施之间存在差距，为快递员创造出一个有利可图的市场。但如果快递业没有采用模拟通信技术，那么这个市场也不会发展壮大。以美国纽约的快递业为例，早期的快递员带着装满信件的邮袋出发，再使用公用电话打回办公室并接受下一批任务。他们把细节记在心里，或者边走边写在纸条上。民用无线电台出现后，由于天线塔和设备的成本显著降低，快递公司得以通过覆盖全城的民用无线电台来指挥快递员，大大减少了调度工作的沟通摩擦。最后，在向数字化发展的过程中，部分快递公司开始借助个人数字助理（PDA）和移动应用程序来管理分散的快递员（更多背景信息参见Day，2015；Kidder，2011）。数量日益减少的传统快递公司仍然把民用无线电台作为主要通信手段，但新的"零工经济"服务已经进入市场。这种以应用程序为基础的平台不再需要"控制员"，而是通过综合运用机器学习软件和算法来提高速度、订单量以及所谓的"效率"。算法智能正在取代快递工作的分布式人类"智能"（管理快递员队伍的控制员以及快递员对城市的深入了解），并得到力求使这项工作标准化和常规化的投资资本的支持。

进入市场的零工经济平台并没有随时间的推移不断发展和采用技术，而是承诺将新技术工具作为独特的卖点。这类平台通过自诩为"颠覆者"来努力掩盖自身对组织技术的改进，以及劳动者或监管机构可能对限制平台行为提出的各种要求。然而，这类平台的增长模式已初现端倪。在越来越多不利于自身的证据面前，我行我素、特立独行的零工经济平台开始做出让步。本章认为，零工经济平台的行事风格其实比乍看之下更加同质化，其发展过程接近传统的快递公司。虽然劳动者有可能利用工作细节方面的差异尽量钻系统的空子，但零工经济平台最终殊途同归，紧随股东的鼓点前进。

概念性人工智能：股东是否期待数字化街道？

为探讨股东在零工经济劳动组织中的存在以及人工智能技术的发展，让我们把时钟拨回2008年。当年的金融风暴过后，外界把平台视为解决就业和金融危机的灵丹妙药。失业者上午登记、下午就能外出工作的情况再次出现。与此同时，平台资本主义（Srnicek，2017）的两面性为经济中所有流动的停滞资金提供了一条出路。利率略高于零，通货膨胀致使投资基金、养老基金与超高净值人士①的储蓄贬值。蓝筹股的股价徘徊不前，抵押贷款和地产市场呈现螺旋式下降趋势。然而，为换取股东支持，刚刚在全球市场和意识中崭露头角、大肆炒作的硅谷公司（如优步）和"硅环岛"公司②（如户户送），承诺可以通过提早买入并实现投资多元化来获得巨额财务回报。

在这些公司对股东所做的承诺中，最重要的一条是摆脱过去的计件工作制，进入由技术预测效率的新时代。这套机制全面铺开后，股东会获得巨大的投资回报，因为匹配供需和提供服务的成本变得微不足道。但是能实现这些效率的复杂算法组合并不会凭空出现，这一点相当不便。这些系统建立在随时间推移而积累起来的庞大数据集之上，人工智能技术的推测性进展的前景因而同鼓励投资零工经济的投机性财务模型融为一体。虽然部分技术公司已经能够通过微任务平台把这类数据生产外包出去（参见Casilli，2019；Tubaro and Casilli，2019），但是以自行车为主要交通工具的快递公司不适合采用这种模

---

① 超高净值人士，即净资产在3000万美元或以上的个人。——中文版编者注

② "硅环岛"（Silicon Roundabout）是东伦敦科技城的别称，是众多科技公司和初创企业的大本营。——译者注

式。服务交付的地理"黏性"（参见Woodcock and Graham，2020）意味着交付是就地进行的，所以提高效率所需的高度情境化数据只可能来自与城市空间的互动。有鉴于此，平台必须设法获取极为详细的数据集，并根据应用环境加以校准，然后"喂给"机器学习算法以预测劳动过程的效率。如果效率无法提升，公司就很难实现赢利，投资者的信心会发生动摇，公司估值也将随之下降。

这类依托于技术的承诺在平台向风险投资者展示的早期融资简报中体现得淋漓尽致，可惜外界看不到这些简报，但是我们可以从零工经济公司在首次公开募股时提交的文件中了解到这些承诺产生的持续影响。首次公开募股文件旨在梳理企业战略，向投资者大致勾勒出潜在的风险和机遇。这些行事隐秘的公司被迫公开其目标和意愿，以免日后受到证券交易委员会等监管机构的欺诈指控。例如，优步在其首次公开募股文件中表示：

> 人类既无力管理复杂的大规模网络，也难以驾驭超过100亿次出行的数据。为此，优步利用历史交易来训练机器学习和人工智能，以便为实现市场决策的自动化助一臂之力。贯穿于公司产品、客户服务和安全的数据驱

动型服务依托于数百个模型，优步已经建立起一套支持这些模型的机器学习软件平台。……（因此）优步的网络会随着用户的每一次出行而变得更加智能。（Uber，2019：146；155‑6）

网络的智能化程度越来越高，这个概念植根于跨越城市空间的"出行"，体现出初创企业和股东的想象力如何围绕人工智能的理念相互融合：通过早期开发/投资并利用专业知识/资本来推动这些智能系统的发展，初创企业/股东不仅能够获得巨额回报，而且可以跻身这个时代最具"创新性"的公司之列，以有利于自身的方式重塑整个经济。但是劳动者游离在这个体系之外，他们的身体和智能手机成为从广阔城市环境到数字化的平移曲面，可以通过越来越智能的机器学习系统进行计算和迭代。

发展模式

在讨论零工经济的劳动者和工作体验前，有必要先梳理一下这些发展的经验基础。本研究源于为期9个月的隐蔽式人类学田野调查，在此期间，笔者进入英国伦敦的两家配送平台工作。为配合研究，笔者对其他配送员进行了半结构化访谈，还前往两家平台的工会开展了为期一年半的公开式人类学田野调查。根据笔者与大学签订的伦理审查协议，相关平台均使用化名，有关这一点的批判性讨论可参考其他资料（Badger and Woodcock，2019）。两家平台被冠以"墨丘利送餐"（Mercury Meals）和"伊里斯配送"（Iris Delivery）之名[①]。"墨丘利送餐"是伦敦B2C外卖平台的龙头企业，业务遍及欧亚大陆，目前仍在寻找风险投资。"伊里斯配送"的B2B平台现已被另一家更大的企业收购，但继续以"伊里斯配送"之名为伦敦各地的用户提供送餐和其他配送服务，业务范围也扩展到其他欧洲城市。

两家平台的劳动过程、市场利基与从业人员各具特色，但二者的发展模式比较接近。与"伊里斯配送"相比，"墨丘利送餐"的成立时间早两年，获得的投资更多，因此更加成熟。而"伊里斯配送"的市场份额下降意味着订单数量减少，所以网络没有那么"智能"。下文将介绍这些模式和差异，然后讨论配送员如何利用两家平台之间的差异，努力依

---

① 这两个化名取自负责传递信息的神话人物。墨丘利是罗马神话中的信使之神，还是财富、商业、运气、诡计以及小偷之神；伊里斯是希腊神话中的信使之神，也掌管天气。希望读者能够体会到两个化名蕴含的讽刺意味。

靠这类收入低、稳定性差的工作维持生计。

数据生成

在传统的快递工作中，以自行车为主要交通工具的快递员仅在必要时才与调度员进行沟通。而在零工经济中，配送员需要通过工作应用程序向平台汇报进度，因此与平台构成一种高接触关系（有关高接触服务工作的更多信息请参见McDowell，2009）。尽管可以自行选择路线并按照自己喜欢的方式完成所有工作，但配送员还是不得不与技术界面打交道并产生一系列数据。

这种情况促使笔者开始关注穆尔和乔伊斯（Joyce）的研究工作。两位学者质疑"不加批判的黑箱方法"，认为此类方法"不足以暴露管理实践中的意向性"（2020：15）。在此基础上，范多恩和巴杰（Van Doorn and Badger，2020）也指出征用劳动者的数据代表了平台资本主义的藏身之所，是把数据采集实践硬塞给劳动过程的结果。这相当于一种额外的劳动过程，后者叠加在实际的配送工作之上，迫使配送员创造数据。以"墨丘利送餐"为例，配送员每次接单、到达餐厅、取餐、到达顾客地址、放下餐食并完成订单时，都要使用智能手机安装的应用程序通知平台。配送员提供的信息以及支持平台管理算法的数据事件，体现出连续地理定位的背景特征。提供信息也是进入下一阶段工作的前提条件，因为平台只有收到配送员已经取餐的信息后才会给出送餐地址。通过构建一种在响应数据输入时逐步消除这种信息不对称的劳动过程，可以迫使配送员进入这一劳动过程，而不考虑工作带来的所谓"自由"。但重要的是，在此过程中会产生某位配送员工作进度的高粒度数据，这些数据与其他配送员的数据汇总后，便可通过"墨丘利送餐"或"伊里斯配送"的机器学习算法进行解析，从而提高今后工作的效率。简而言之，劳动者为完成目前的工作而被迫创造数据，这些数据将为今后更广泛的"增效"提供参考。

"墨丘利送餐"和"伊里斯配送"对数据的渴求永无止境，彰显出两家平台的商业模式（以及前文所述对股东所做的效率承诺）相当依赖数据，从而使配送员进入一种双重价值生产过程，即他们在从事配送工作时遭到剥削，而他们的数据劳动在生产环节被平台征用。这些数据集最终只会减少劳动力供给单位成本、进而降低配送的收入。更糟糕的是，与平台的每一次互动都会产生数据。最初，拒绝接单不需要理由；但随着平台的发展，配送员需要从多选列表中选择理由，如"机械故障"或"取餐距离过远"。拒绝接单的行为由此呈现为经过量化的数据，平台通过解析这些数据来进一步提高接单率。

随着"墨丘利送餐"和"伊里斯配送"越来越成熟，两家平台都调整了在各自平台上进行数据劳动的方法。新老平台的区别在于数据采集的复杂性和粒度。日益成熟的系统需要更高粒度、更为情境化的数据以继续返回结果，数据创建过程也反映出这一点（参见Gitelman，2013）。

转向车队管理

传统的快递公司依靠人力进行车队管理，但早期的零工经济平台不具备采用这种整体管理方式的条件，而是通过调度算法单独管理每份订单和每位配送员——平台向距离取餐地点最近的配送员派单，配送员每送完一单就返回某个共同的集合地点（俗称"区域中心"），这个经过精心挑选的集合地点位于最受欢迎的取餐地点附近。这种看似合理的运营方式其实相当低效。配送员最终要跑大量"空驶里程"①，

---

① 空驶里程指送完一单后返回集合地点的路程。外卖行业认为这是极大的浪费，并努力缩短空驶里程。

以至于"事倍功半"：送餐路线不是"A→B→C→D"，而是"A→B→A→C→A→D"，平台不会为返回"A"点的行程支付配送费。这是个"双输"的局面：对配送员来说，每一单的收入有所减少；对平台来说，送餐速度变慢会影响收入，导致配送员抵制平台。

"墨丘利送餐"率先转向车队管理模式，将各种数据集整合进"智能"调度算法栈。平台改用新的核心算法，承诺不再向距离取餐地点最近的配送员派单，而是根据"正在准备的具体餐品和所需时间、取餐地点的位置、上线和工作的配送员人数、顾客下单时间、其他正在处理的订单数量、取餐地点与顾客位置之间的距离"[①]等一系列因素来开发派单算法。这是效仿老牌快递公司的做法：快递公司的调度员为快递员设计了一次能投递多个包裹的"路线"，尽可能压缩空驶里程，从而在提高效率的情况下增加快递员的收入（另见Chappell，2016；Day，2015；Sayarer，2016）。

虽然这意味着"墨丘利送餐"的配送员理论上能接到更

---

① 请注意，为保密起见，上述引文经过改写。因为如果直接复制来自"墨丘利送餐"的公开材料，那么通过搜索引擎不难查出公司的真实身份。

多订单，进而获得更多收入，但实际上混淆了派单时涉及的技术决策过程，导致那些资格最老的配送员优势不再，因为他们此前与平台人工智能"合作"时积累的经验一下子变得毫无用处。由于新的派单算法会考虑更多因素，因此在具有"战略意义"的地点（最近的餐厅附近）守株待兔变得毫无意义。同样，算法根据特定时间和特定条件优先给某些配送员派单，而且不会给出任何解释或说明。虽然整个平台的效率有所提高，但是配送员的能动性在劳动过程中几乎可以忽略不计。

"墨丘利送餐"在本研究开始前已经转向车队管理模式。而笔者和其他配送员认为，"伊里斯配送"在笔者开展田野调查期间才开始尝试这种管理模式。影响是显而易见的，因为我们能感觉到平台的变化：以前是缓慢而稳定，现在则变化莫测、难以琢磨。一位受访的配送员表示，他们之前没有危机感，如今则"无时无刻不在取悦算法之神"，以便能赚取足够的收入来维持生计。为实现平台向股东承诺的基于数据的效率提升，上述人力成本是不得不付出的代价。在传统的快递公司，调度员往往是业内人士，对业绩不佳造成的懊恼感同身受；程序员则没有这样的常识或团结意识，他们只是按要求编写代码，将股东的逻辑和愿望写入技术基础设施。感觉工作不稳定并希望获得稳定收入属于非常人性化的问题，这是个需要通过理论上不断改进的车队管理系统加以解决的数学挑战。

"应用多开"

为了维持生计，配送员需要做出回应，如放下工具并抗议——笔者完全支持这种策略，其他学者也探讨过相关问题（Cant 2018，2020；Woodcock，2020）。但是受篇幅所限，本章将侧重于剖析从工作中发展而来的策略。

由于平台的派单算法越来越难以预测，配送员需要努力增加获得订单的机会。考虑到外卖配送受到的高度关注，已经承受巨大压力的配送员不得不设法在短暂的"高峰"时段（午餐时间或晚餐时间）赚到一天的收入。经验丰富的配送员过去知道在哪里"趴活儿"可以最大限度从激增的订单中获益，现在则需要重新审视自己的方法。通过注册两个不同的平台并同时登录，（理论上）可以把获得订单的机会增加一倍。这种做法俗称"应用多开"（multi-apping），一种随着技术变革而大规模出现的现象。

虽然"墨丘利送餐"和"伊里斯配送"都强烈反对"应

用多开"，但正是由于两家平台坚持将配送员划为"独立承包商"，才使这种做法有容身之地。外界普遍认为平台把配送员视为"独立承包商"是为了逃避责任（如不必在配送员休假和请病假时支付工资），不过"应用多开"确实有助于配送员同时为多个平台工作（参见Cherry and Aloisi，2017）。此外，"应用多开"有赖于两家平台的空间覆盖范围相互重叠。这一点在伦敦等人口密集的大城市比较容易实现，在可能只有一家平台提供服务的小城镇则不太容易实现。为"墨丘利送餐"和"伊里斯配送"工作期间，笔者的足迹遍及繁忙的伦敦中部东区——从白教堂到圣保罗大教堂，从阿尔德门到哈克尼区。

应当指出，"应用多开"既非理想的做法，也非创业行为的"积极"机会，但是在劳动条件恶化的情况下，它常被用作一种生存策略。为了维持生计，配送员不得不研究两家平台如何通过技术手段控制工作节奏，并内化其中的差异。试举一例，在用餐高峰时段，"墨丘利送餐"的外卖订单更多，这些订单的配送费往往较低，但送餐距离很近；相比之下，"伊里斯配送"为每份订单支付的配送费更高，但大多数订单需要等待更长时间，送餐距离也更远。而在非高峰时段，"伊里斯配送"还提供其他配送服务，市场多元化意味着存在"细水长流"的工作机会；相比之下，"墨丘利送餐"专注于送餐业务，工作机会相对较少。因此，深谙这些差异的配送员可以利用两家平台来维持生计，通过挑选何时何地提供自己的劳动并精心选择接受哪些订单以实现个人利益最大化。

如果技术内化做得不够好，配送员就可能表现不佳或误判形势，甚至遭到"解聘"。平台精心设计了获取数据并提高效率的采集手段，从而使数字技术和城市空间的结合呈现出一幅独景监视的图景。配送员在工作时拥有一定程度的自由，而且只要下线就能避开平台的监控，但成熟的零工经济平台已经把尖端技术作为核心资产，并赋予其自动决策权：如果计算框架认定配送员的行为不当，那么平台可能会立即终止合作。随着系统的智能化程度越来越高，配送员在平台经济中谋生的手段也必须"与时俱进"。

小结

显而易见，平台希望通过结合庞大的数据集与机器学习技术来提高效率，这种情况正在影响平台经济及其工作体验。对批判学者而言，务必要摒弃技术在某种程度上是"客观"的且不受外部影响的观念。本章讨论的"墨丘利送餐"和"伊里斯配送"将各类管理算法置于主导地位是有原因的。平台资本主义的逻辑被写入算法以及算法仲裁的劳动过程,从而催生出一种非同寻常、只对单方面有利的效率提升。因此,平台成为股东逻辑的渠道,为资本增长开辟出另一条途径,是劳动剥削的直接结果。更糟糕的是,采用这种模式的平台不仅会剥削劳动者的体力劳动(送餐),而且在生产环节会征用他们创造的数据,哈维(Harvey,2005)把这个过程称为"剥夺性积累"。继弗雷泽(Fraser,2016:165)之后,将全部注意力集中在"商品生产中资本对雇佣劳动的剥削"(即只关注体力劳动),会忽视作为可能性条件的(数据)征用这一纠缠不清的过程。因此,平台正在向股东兜售人工智能的进展以及效率提升的无限前景。在重新构建指数增长和成本/风险管理的逻辑方面,平台成为共谋者。

这完全是工作从低接触、自主性职业转变为高接触活动的结果。每次接触都会产生数据,掌握足够的数据和计算能力后,"效率"就能降低成本。企业可以通过积极增长来削减成本并垄断市场,从而获得丰厚的利润和股息回报。这一点在户户送的报告里体现得颇为明显。报告称,从2014—2018年的4年间,户户送的增长超过了106倍(Deloitte,

2018），公司联合创始人兼首席执行官许子祥（Will Shu）也获益匪浅——2018年，他的年薪达到25万英镑，还获得价值830万英镑的股票期权。而在负责维护户户送配送员权益的工会开展调查期间，笔者经常与每周工作60多个小时却仍然担心饭碗不保的配送员打交道。遗憾的是，菲尔德（Field）和福西（Forsey）向英国议会提交的报告证实了这一点。报告指出，配送员的平均收入往往"徘徊在略高于、略低于或相当于'国家最低生活工资'（National Living Wage）的水平"，部分配送员则表示"时薪有时不超过1.6英镑"（2018：17）。面对复杂的局面，配送员在寻找破局之道时表现出高超的技巧和知识，这也是形势所迫。然而，尽管平台确实"随着每一次出行而变得更加智能"，配送员最终还是享受不到这种便利。虽然经验有所帮助，但派单算法和收入标准的快速变化可能令这些经验一下子变得毫无用处。机器学习技术是造成这种不平等和不稳定性的首要原因。今后的研究应该侧重于思考如何改善这种平衡。

第10章
工作中的自我跟踪和逆向监视

◎ 玛尔塔·E.切基纳托

◎ 桑迪·J.J.古尔德

◎ 弗雷德里克·哈里·皮茨

本章主要探讨两方面问题：一是个人数据的共享聚合和管护存在新的集体实践，这些实践能否以及如何使我们进一步理解工作对身体和情绪的影响；二是如何为协调应对当代社会和行业挑战（涉及工作场所内外的幸福感和生产率）奠定基础。具体来说，自我量化的惯例和实践已经或正在实现个性化，本章致力于剖析其中是否可能存在解放性因素。能否重新利用工作场所的人工智能、算法衡量控制以及其他自我量化工具来支持集体抗争？

根据战后达成的行业协议，劳动者得以在定量认识工作、时间与精力的基础上与雇主围绕生产率展开谈判以达成妥协，这得益于大型工会化行业中劳动的标准化特征以及随之产生的标准化衡量体系。与此同时，当代英国的政治经济面临截然不同的环境，如去工业化和服务业兴起、工会衰落、雇佣关系的非标准化催生出大量不稳定的工作模式等。在这些因素催生出的工作制度面前，劳动者过去为提高待遇而谈判的各类衡量标准（以给定时间内完成生产线组装的钻头数量为代表）似乎变得无法复制。

而随着工作环境的不断变化，分布式数据采集和分析技术的应用也日益普遍。在平台经济、仓储和物流、融为一体的创造性工作和自由职业等不同环境中，个人行为受到传感器、应用程序以及算法的衡量、监控和预测。无论是用作管理控制的工具还是用作确保个人生产率和幸福感的手段，这种"自我量化"既是社会个性化的，也是展演性个性化的。管理者依靠可穿戴技术以及其他数据采集工具在劳动者中寻找未达到最佳状态的个人绩效，劳动者同时也利用相同或类似的技术在工作场所内外培养能提高生产率的工作实践。

正如本章准备讨论的那样，自我量化体现出的个性化主体性总是存在一个集体维度。此外，个人数据的共享聚合和管护或许存在新的集体实践。这些实践一方面能加深我们对工作的理解，另一方面有望为协调应对当代社会和行业挑战（涉及工作场所内外的幸福感和生产率）奠定基础。本章提出，劳动者不仅有可能更好地理解当代工作对身体和情绪的影响，而且在越来越难以明确衡量个人工作及其价值的环境中，劳动者有可能就工作开展和薪资条件进行谈判。具体而言，本章认为自我量化以"逆向监视"为核心，可以视其为一种倒置的监视。换句话说，逆向监视是劳动者监督管理实践，而不是管理实践监督劳动者。

本章研究社会学和人机交互领域在工作场所使用自我量化技术的交集和可能存在的不足，并剖析员工能否利用这种技术对工作场所的剥削做出集体抗争。本章首先列出自我跟踪文献中一些相关的关键课题，然后讨论社会科学和人机交互领域处理监视和逆向监视的实践，接下来具体分析自我跟踪和逆向监视在工作场所的应用，最后探讨在工作场所内外表现为抗争的自我跟踪的个人/集体表象和实践。

个人信息学和自我跟踪

通常情况下，可以将人机交互领域的自我跟踪理解为个人信息学的一种形式，是帮助人们收集和思考个人信息以增强自我认识的一类系统（Li et al.，2010）。个人信息学模型之所以出现，是因为学界认为这类系统有助于人们调整自己的行为，最常见的好处是用户能获得"意识提升"（Kersten van-Dijk et al., 2016）。在有关个人信息学的人机交互研究中，一个关键课题是设计者如何利用数据表示来吸引和影响人们的跟踪和思考过程。设计者希望数据的选择和表示方式能够引发人们的思考，从而深入了解自己的行为。

由于数据的这种审美和思辨维度，一些研究人员一直在探索能否通过其他手段来表示并可视化个人信息学数据及其对用户记忆和思考方式的影响（Whooley et al., 2014；Epstein et al., 2014；Khot et al., 2014；Elsden et al., 2016）。用户与自身数据交互的具身体验也是这一研究领域的一个重要分支（Gardner and Jenkins, 2015）。此类技术的应用日益"融入"日常生活体验，以至于"生活信息学"把跟踪失误乃至放弃跟踪纳入其中（Epstein et al., 2015；Rooksby, 2014）。尤其是以"通过数字认识自我"为基础的"量化自我"运动催生出众多商用自我跟踪技术，这些技术致力于解决从饮食到体育活动以及与健康相关的各类问题。

需要注意的是，上述定义和模型往往假设作为数据跟踪对象的用户拥有数据收集的所有权和能动性，但个人信息学可以包括任何个人的跟踪数据，并不限于某人的"自我"（Li et al., 2010）。在社会科学与个人信息学以及围绕个

人信息学进行的人机交互研究中，这一直是个关键课题。向
"自我管理"、个人的"责任化"或"控制社会"的发展是相
关文献论述的重点之一（Lupton，2016；Moore and Robinson，
2015；and Neff and Nafus，2016）。例如，勒普顿（Lupton）
指出，现有的人机交互文献对自我跟踪的论述有所不足，因为
"这些文献对个体的关注并没有解释'自我跟踪文化'实践的
更广泛维度"（Lupton，2014：78）。勒普顿认为，"就自我
跟踪而言，计算机信息学中个人与社会文化的这种并置关系还
有待深入探索和阐述"（Lupton，2014：78）。因此，如果能
运用社会学的观点进行分析，或许有助于在看似个性化的一系
列技术和应用中确定更多集体过程和潜力。

工作场所的应用

探讨人机交互的论文往往侧重于具体应用程序或设备
的设计细节，审视用户体验并提出设计改进建议——例如，
检查因使用智能手机电子邮件而产生的边界管理问题并建
议优化邮件应用程序，以帮助用户更好地平衡工作和生活
（Cecchinato et al.，2014; 2015）。这类人机交互研究尤其具
有创新性且特别注重设计，甚至通过开发"量化工作场所"

（Quantified Workplace）原型系统来收集各种数据并调查员工认为有用的要素，以便对今后的系统设计提出建议（Mathur et al., 2015）。

外界也希望了解企业如何在工作场所利用跟踪技术来监测员工绩效或疲劳程度、捕捉情绪和人际影响或情绪觉察、纠正久坐行为、增强物理过程或认知过程、跟踪运动或步数、评估时间管理和工休时间、确认个别员工、向员工传递消息或其他内容（Maman et al., 2017；Hänsel, 2016；Moore and Robinson, 2015）。具体的案例研究多见于建筑、职业卫生（Schall et al., 2018）、警务工作（Eneman et al., 2018）、仓储和物流（Moore, 2019）、亚马逊土耳其机器人（Lascau et al., 2019）以及富士康科技集团和好利获得公司的生产线（Moore and Robinson, 2015）。

在社会科学和人机交互领域，此类研究围绕时间或"节奏"这一自我跟踪实践的特征展开（Pitts et al., 2020；Iqbal et al., 2014）。在2019年发表的一篇文章里，戴维斯（Davies, 2019）探讨了通过可穿戴设备和实时数据来控制工作节奏和身体节奏的愿望。对时间的这种关注往往使人产生这样一种感觉，那就是如今存在于工作场所的自我跟踪与泰勒制工厂跟踪劳动者的衡量和控制形式很相似。河大清

（Daechong，2017）利用推测性的未来场景观察"在（数字医疗和劳动管理）环境中，用户期望的自我赋权和自我完善如何蜕变为'数字化助推''极端泰勒主义'以及'亲密监视'"。与此同时，穆尔（Phoebe，2018a，b）梳理了"科学方法"与"量化工作场所"之间的关系。科学方法是由泰勒（Taylor）提出、吉尔布雷思夫妇（The Gilbreths）倡导的管理理论，指管理者试图找到一种完美的工作方法并规范所有工作；而身处量化工作场所的劳动者利用数据作为自我管理工具，以提高自己的生产率。

对于自我跟踪对工作实践和经验影响的批判性社会科学理解，穆尔的研究尤其具有重要意义。具体来说，她强调自我管理和自我跟踪的压力来自不稳定的条件（零工时合同、工作前景不明朗）以及当代劳动者对敏捷性的期望（适应不断变化），其结果是情绪劳动和情感劳动的商品化（Moore，2018b；Moore and Piwek，2017）。穆尔的研究案例既包括自愿进行的自我监测（如参与量化工作场所实验的荷兰公司）（Moore，2019），也包括各类环境（如乐购这类大企业）中由管理者实施的技术跟踪（Moore and Robinson，2015）。这种自上而下的跟踪和算法控制也时常见于以平台为基础的新工作（Wood et al.，2019）。

跟踪中的权力和控制

人机交互研究指出，"随时在线"文化（Cecchinato et al.，2017）会模糊工作时间与业余时间之间的界限，因此采用"边界管理"一词来描述平衡工作和生活以及为跟踪设置适当界限的问题。当应用于工作中的个人信息学把健康、睡眠、情绪等通常超出雇佣关系范围的问题纳入工作场所衡量时——穆尔称之为"贡献感"（wellbilling）[①]的会计过程（Moore，2019：137）——就必须要考虑边界问题。有鉴于此，社会科学和人机交互文献都很重视工作中的用户隐私，强调保持数据使用和使用权限的透明十分重要（Mathur et al.，2015；Moore and Piwek，2017；Schall et al.，2018）。

在跟踪数据的收集、分析与决策过程中，控制点位于何处？部分学者认为，自我跟踪的趋势加剧了人们对日常监控增加的忧虑。在当代资本主义中，对于自我跟踪和数据的更广泛作用，二者之间的关系建立在所有权和商品化结构之

[①] 根据穆尔的解释，wellbilling指员工为企业创造的收入。译文参考wellbeing（幸福感）将wellbilling译为"贡献感"。——译者注

上，即个人无法私自获得数据。大多数设备需要将信息上传到云端服务，企业因此可以从个人数据集或匿名数据集中获益，个人则很难掌控自己的数据。在工作环境中，管理者或许有机会接触个人看不到（或不知道正在收集）的数据，而如何利用数据来评估绩效可能不为人知。从这个意义上讲，有关自我量化的人机交互学术研究采取批判性观点，以自我跟踪在更广泛的数据政治经济学中的地位为基础。数据政治经济学不仅在许多方面会侵犯个人隐私和自由，而且会限制为造福社会而进行自我跟踪的潜力。

根据这种批判性观点，数据收集只代表个人目前在工作和日常生活中所处的社会关系中的现有条件。如果自我跟踪致力于获取生产率、健康与幸福感的影响，那么个人有责任根据自己收集的数据实施变革，以提高生产率或满意度并取得优势，在个人生活和职业生涯中运用个性化和竞争性的思维方式。此外，数据不属于某个群体或局部上下文，因此任何强有力的能动性都没有责任去创造更广泛的变革。

不过还有其他方法可以利用跟踪数据。根据逆向监视的理念，跟踪可以提供"自下而上的严密监视"（Mann，2002），而不只是用作企业和社会监督行为的手段。关于逆向监视能否实现问责，为数不多的研究工作往往着眼于孤立的实例而非广泛的原则，包括警用随身摄像头（Eneman et al.，2018）、医疗保健技术（Morgan，2014）以及护理工作的监督和道德操守（Freshwater et al.，2013）。这些案例很少直接将工作、劳动者或工作场所作为实施或试验逆向监视技术的重点。Turkopticon[①]（Irani and Silberman，2013）是一种围绕工作进行的逆向监视，众包平台亚马逊土耳其机器人的劳动者可以通过它分享雇主信息并给出简单评价，但无法集体选择、管护或聚合个别措施。

　　显而易见，逆向监视"一个巴掌拍不响"。企业和政府这类大型单体行动者具备大规模聚合数据的能力，个人则只能通过汇总各自的数据来达到类似的规模。就如何利用自我跟踪技术而言，用户和设计者自身能够实现的改变有限。为寻求替代方案，"自我跟踪社区需要与其他生产导向的同行团体、开源开发者、众筹社区以及科研机构共同合作"（Jethani，2015）。"量化自我实验"的个性化特征可能以"$n = 1$"为样本，但是这些特征仅与可以相互比较数据的更

[①] Turkopticon，一款第三方网站和浏览器插件，允许网站上的"工人"（worker）联合起来，对发布任务的"雇主"（requester）进行反向评分。——中文版编者注

大人群和更多受众有关，只对能够向全体劳动者阐明这些联系的制度有意义。

小结

本章讨论的案例以及其他一些案例（Khovanskaya et al., 2013）勾勒出一个方兴未艾但规模仍然相对较小的研究领域的发展思路。可以看到，有必要对自我跟踪技术的应用进行深入研究和实践性实验，尤其应该关注这种技术的集体应用。挑战在于能否理解自我量化技术在集体抵制策略方面的潜力，并就生产率和幸福感（特别是工作对身心的影响）达成共识，从而使劳动者深入领会工作的意义，以此作为组织和谈判的基础。工作场所的衡量总是具有双重性：管理者可以借此支配劳动者，劳动者也可以借此组织并就改进协调一致的集体谈判方案进行磋商。工业工作场所的共同衡量机制（如泰勒制工厂使用的管理剪贴板）既可以用来支配劳动者，也可以被劳动者利用，就改进协调一致的集体谈判方案进行磋商。从这个意义上讲，这些衡量机制相当于管理者和劳动者围绕时间和生产率达成妥协的共同基础（即便存在争议）。然而，分散和开放的当代工作场所往往缺乏明确的衡量机制，无法根据这些机制达成新的妥协以提高生产率并改进工作实践。

面对这种困局，利用可穿戴设备和传感器采集并分析数据的分布式技术是否有助于修复劳资关系？此外，将工作实践对身体和情绪的影响进行集体量化或聚合量化，是否有助于劳动者更好地证明、理解并协商幸福感问题——即使在体力劳动不如传统行业透明的工作场所也是如此？可以从颠覆现有的自上而下的跟踪入手，或者为劳动者制定全新的措施来收集数据。举例来说，为识别和分析某些运动模式（姿态、步态、从椅子上起身的速度/角度等），不妨考虑加入能够借助算法进行分析的数据。通过记录劳动者在工作场所的活动（或不活动）和精力消耗情况，或许有助于证明工作对身体的影响（即便这些影响并不明显），以此改善工作场所的健康和幸福感。另外，还可以考虑把根据工作活动的实践和经验收集并分析的其他个人/集体数据（如可穿戴设备和生产率管理应用程序产生的数据）纳入其中。

问题在于，如何将当前已经个性化或正在个性化的商品化和控制过程进行集体化。为构建"自下而上"收集并管理个人数据的共享框架，需要哪些平台、基础设施以及所有权和许可形式？通过汇总和共享"管护"数据，量化和自我量化数据的能力有望实现制度化，转向以"逆向监视"为核心的"劳动者调查"，自下而上地监督管理实践，反对而不是支持工作场所的剥削和支配行为。为实现这个目的，有必要开发实用的经验性工具，以探索可能有用且（重要的是）劳动者可以接受的数据汇总类型。此外，还要确定这些自我跟踪社区如何自我调节以实现社区利益最大化。

本研究项目得到英国经济和社会研究委员会的生产率观察网（Productivity Insights Network）的资助。感谢弗雷迪（Freddie）协助研究，唐娜·波德（Donna Poade）参与项目早期研究工作，也感谢杰米·伍德科克对本章初稿提出的意见和建议。本章部分内容源自英国布里斯托大学数字社会学院研究小组的博客。

第11章
摆脱数字原子化

◎ 海纳·海兰

◎ 西蒙·绍普

不少学者一直致力于研究数字平台（尤其是外卖平台）的劳动过程。大多数研究认为，数字平台正在催生出一种严格的新型算法控制机制（Ivanova et al.，2018；Wood et al.，2019）。相当一部分学者强调，人工智能和算法控制致力于实现劳动者的原子化，从而消除集体抗争（参见Mahnkopf，2020；Veen，Barratt and Goods，2019）。肖莎娜·祖波夫（Zuboff，2019）指出，借助普遍存在的数字传感器技术，全面监控最终使劳动过程存在的所有不确定因素消弭于无形。其他学者则认为情况恰恰相反：为争取劳动权，以外卖骑手（配送员）为代表的平台劳动者正在引领新一轮罢工和直接行动（Cant，2019；Leonardi et al.，2019；Tassinari and Maccarrone，2019）。大多数斗争的发起者并非官方工会，而是坎特（Cant）称为"隐形组织"（2019：130-3）的基层工会或非正式团体。本章致力于探讨这些"隐形组织"诞生的原因。如果劳动者同时还要应付阻碍团结和抗争的原子化和监视，那么这种不太可能发生的高强度斗争又是怎么发生的呢？在讨论这个问题时，我们强调交际文化在促进劳动者团结方面发挥的作用。

总体而言，平台工作的数量有限，欧盟国家有0.5%（Eurofound，2017）、德国有0.9%（Bonin and Rinne，2017）的平台工作与外卖有关。自2014年以来，平台外卖服务一直是吸纳德国劳动力最重要的途径之一。2019年，外卖行业的预期营业额总体达到18亿欧元，较2018年增长14%（Statista，2019）。本研究于2018年2月至11月进行，以食速达和户户送为主要研究对象[①]，当时约有5000位外卖骑手为两家平台工作。在德国，户户送骑手属于自雇者（其他国家的户户送骑手通常也是自雇者），食速达骑手则属于受雇者。观察这些数据可以发现，这一现象的相关性与骑手数量（还）没有直接联系。确切地说，送餐工作是一种前卫的技

---

① 2018年年底，食速达被竞争对手Takeaway收购；2019年8月，户户送宣布退出德国市场，专注发展其他市场的业务。

术组织形式，是以算法化工作控制为主要特征的新型数字劳动协调和控制的"试验田"，旨在实现资本脱离劳动的技术"自主化"，其影响远远超出平台经济的范畴（Schaupp and Diab，2019）。然而，算法化工作控制也是验证团结和新形式集体斗争的手段（Schaupp，2018）。

我们对两家相关平台开展了两次案例研究，以便从社会学角度研究这一现象（Yin，2018）。研究采用"完全一体化混合设计"（Teddlie and Tashakkori，2006），结合定量在线调查（Heiland，2019）、半结构化质性访谈（Kaufmann，2015）、民族志和论坛内容分析、聊天群等四个要素。我们对德国7座不同城市的外卖骑手进行了总共47次访谈，根据理论抽样来选择受访者（Glaser and Strauss，1967）。为掌握内隐过程知识，我们还作为食速达和户户送的骑手在6座不同城市进行了为期8个月的参与式观察。访谈笔录、论坛和聊天记录节选、田野笔记等资料通过质性数据分析软件进行编号和分析（Kuckartz，2016）。

除上述方法外，我们借助在线定量调查来获取对这一现象的探索性洞察和描述性洞察。根据质性研究结果，我们采用有针对性的抽样策略，并招募骑手参与调查以避免自选择偏差（Barratt，Ferris and Lenton，2015）。因此，有251

人参与调查，约占德国外卖骑手人数（2500～5000人）的
5%～10%。此外，许多条目的结构类似于德国工会联合会
"良好工作"指数（DGB Good Work Index）[1]，因此结果可
以直接与德国依附性雇员（dependent employee）的代表性样
本数据进行比较和对照。

我们收集的数据表明，虽然平台致力于完全控制劳动过
程并实现骑手的彻底原子化，但日常的实际情况有所不同。
工作期间，骑手之间通过在线工具和面对面交流设法保持经
常性联系。凡塔西亚（Fantasia，1989）在具有开创意义的民
族志研究中指出，团结文化是劳动者集体斗争的基础。本章
认为，这种文化之所以出现，是因为外卖骑手设法保持不同
类型的交流。反过来，团结文化又催生出似乎不可能存在于
原子化劳动过程的各类自组织。

备受争议的交流

平台工作的一个核心特征是劳动者与公司正式脱钩。以

---

[1] 德国工会联合会"良好工作"指数根据年度调查获得的数据来
评估德国工作条件。

外卖平台为例，大多数骑手从未见过自己的主管。相反，劳动过程由智能手机里安装的应用程序掌控，通过算法管理实现自动化控制。平台型公司采用两种主要的控制策略，一是利用数字手段跟踪骑手的运动，二是实现骑手的原子化以避免自组织和抗争（Cant，2019；Ivanova et al.，2018）。但我们收集的数据表明，骑手们仍然能设法摆脱数字监控，相互之间也经常交流。交流是产生团结的基础，本节将重点讨论这方面的问题。

从在线调查的数据来看，平台劳动者并非相互隔绝，骑手之间的交流很活跃（如图11.1所示）：60%的受访者表示会"频繁"或"非常频繁"地联系其他骑手，62%的受访者表

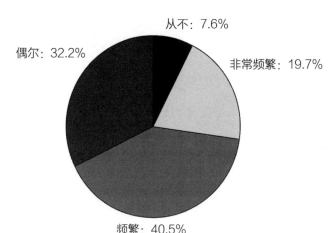

图11.1 外卖骑手在工作期间的交流频率

示与其他骑手在实际工作之外有过接触。

骑手之间的交流如此频繁令人惊讶，一个重要原因是交流对于处理劳动过程必不可少。平台不断调整应用程序的功能，进而改变了劳动过程。一位骑手这样描述有时每周更新的应用程序："应用程序变来变去……他们一直在测试新功能。"此外，骑手的流动率很高，因为大多数人只干几个月，不少骑手每周只工作几个小时。因此，就算出于保持正常运作的考虑，也需要交换一些信息。在传统企业中，信息交换是人力资源部门的工作；而在外卖平台中，信息交换完全由骑手自己负责。因此，70%的受访者认为自己对影响工作的决定或变化不够知情。由于管理高度自动化的缘故，大多数骑手从来没有见过主管，也无法给他们打电话。劳动过程中遇到紧急情况时，骑手必须通过应用程序联系调度员；如果遇到普通问题或非紧急情况，骑手可以通过电子邮件联系平台办公室，但未必能得到回应。曾在平台工作的一位经理表示："沟通极其困难，有如石沉大海。"正因为如此，食速达和户户送都主张骑手自己解决问题或咨询其他骑手。为此，食速达把一座城市的骑手都拉入在线聊天群，户户送则开发了集中式聊天平台供所有骑手使用。

这些聊天室也成为职业互助的渠道。骑手们讨论的话

题多种多样，包括对工作时遇到的麻烦表达不满。由此可见
骑手的工作满意度非常低：在11级量表（从"非常不满意"
到"非常满意"）中，外卖骑手的平均打分为5.74。相比之
下，德国其他行业员工的工作满意度明显更高：根据德国
工会联合会的指数，非外卖骑手的平均打分为7.49。同样，
有60%的外卖骑手对工作的认同感为零或很低；而根据德国
工会联合会的指数，仅有13%的非外卖骑手完全不认同或只
在很小程度上认同工作。我们的调查结果显示，只有不到
14%的骑手认为在目前的工作状况下没有理由进行罢工或抗
议——换句话说，有86%的骑手认为应该进行罢工或抗议。

　　骑手们在聊天论坛里公开讨论各种问题。一位受访的活
跃分子表示："论坛是组织各种活动的乐土。"户户送则以
审查聊天记录作为回应。当骑手们开始讨论是否应该成立劳
资委员会①（Works Council）时，户户送将论坛彻底关闭，代
之以应用程序内的聊天系统，仅支持平台与骑手相互交流，

---

① 劳资委员会是德国劳资关系模式中特有的机构，德国（The
German Works Constitution Act）赋予劳动者在公司层面选举劳
资委员会的权利。委员会拥有特定的知情权和共同决策权，但
受到"和平义务"的限制（即不能发动罢工）（Müller-Jentsch,
1995）。

不支持骑手之间相互交流。曾在平台工作的一位经理解释了为何关闭论坛：

> 一是因为应用程序新增了骑手支持聊天系统（Rider Support Chat），二是因为公司认为论坛存在"引战"的风险，骑手们也可能把论坛作为相互交流的渠道。当然，关闭论坛不算很明智，因为后来的交流只是在我们不知情的情况下进行罢了，而交流是我们创建聊天论坛的基本动机。

因此，平行于平台的自主聊天群稍早时已经形成，论坛关闭后很容易平滑过渡。骑手们在群里交流工作的相关信息，同时体现出一种团结文化：大家不仅协调换班，而且互相提醒等待时间过长的餐厅，还在同事的自行车损坏时帮忙修车或借车，甚至提供小憩的场所。在一个案例中，当一位骑手遭遇车祸后，有人在某个全国性的聊天群里呼吁捐款："我们正在为这位骑手组织一次小型募捐活动。我想大家都不富裕，但如果我们齐心协力，尽自己的绵薄之力，就能积少成多。超速的白痴随时可能撞到任何一位骑手，所以是时候向外界展示我们的团结了。"此外，部分骑手在群里组建了"一帮一报税小组"。骑手们还在群里讨论政治、文化等不直接涉及劳动过程的问题,并就工作条件畅所欲言。研究期间,我们接触到一个拥有600多位成员的跨平台聊天群,来自不同城市乃至不同国家的骑手在群里交流想法;还有一些超过百人的聊天群致力于讨论发起抗议和建立劳资委员会。

因此,虽然创建这些聊天群是为了促进劳动过程及其组织的交流,但交流的内容却远远超出了这一点。官方(尤其是非官方)聊天群有助于结束外卖骑手相互隔绝的局面。由平台主导的"骑手—平台"交流与作为自组织替代方案的聊天群形成了鲜明对比。尽管骑手的足迹遍及全城,但是在实现模拟互动的同时,虚拟交流也给社区化创造了机会。

然而,面对面交流对于骑手至关重要,这种交流在班次开始时并不少见。就此而言,平台决定不再控制骑手,也不再追求骑手的原子化,而是致力于提高配送工作的效率:骑手的送餐范围被限制在明确划定的配送区域。如果骑手送完一单后没有立即接到新订单,那么平台会鼓励他们前往区域中心,这是因为大多数餐厅位于区域中心附近,骑手有望接到更多订单。在送餐期间遇到新同事时,骑手往往会把休息时的集合地点告诉对方,从而使平台无法对骑手进行原子化:

最初两个小时后，我在街头或常去的餐厅里多次遇到在这一区域送餐的骑手。随着中午的订单高峰逐渐结束，所有骑手前往（区域中心）集合，有几分钟时间闲聊。一位骑手问我们加入了哪些聊天群、是否有兴趣在群里讨论工作条件以及能否为大家出谋划策。

由此可见，区域中心有助于推动团结文化的发展。

自组织

正如本节准备讨论的那样，外卖骑手试图通过罢工和抗议发起有组织的抗争，并选举劳资委员会以实现劳资关系的制度化，这使得骑手之间的交流最先成为冲突的具体对象。尽管组织条件不理想，但平台外卖这一新兴行业特别容易发生冲突。

骑手们最初试图争取食品行业工会（NGG）和服务业联合工会（ver.di）①的支持，但没有成功。由于波动大、收入

---

① 食品行业工会和服务业联合工会分别是德国食品行业和服务行业的官方工会，二者均为德国工会联合会的成员。

低，这两家传统的德国工会认为平台外卖行业"没有工会组织"。其他国家的平台劳动者也有过类似的经历（Woodcock and Graham，2020：109-111）。但外卖骑手的斗争意愿并未因此而降低，他们开始接触更激进的基层工会（Cant，2019；Leonardi et al.，2019；Tassinari and Maccarrone，2019）。德国的骑手接触的是无政府工团主义组织——自由工人联盟（FAU）。例如，2018年1月，得到自由工人联盟支持的骑手在食速达母公司外卖超人（Delivery Hero）的总部门前集体卸下废旧自行车，以争取合理的自行车维修补贴（Deliverunion，2018）。此前，骑手们通过各种骑行示威和"下线罢工"迫使外卖超人回到谈判桌前。他们提出的诉求主要包括时薪至少增加1欧元、公司承担所有维修费用、改进排班计划系统等。谈判破裂后，骑手们前往位于柏林米特区的食速达办公室进行抗议，并短暂占领了该办公室。食速达在柏林骑手的抗议活动后制定了统一的维修补贴，但补贴并非直接打入骑手账户，而是累积为网店的信用额度。不过网店修车的费用比自行车实体店高得多，信用额度也存在有效期。

与此同时，食速达骑手开始选举劳资委员会，并先后在科隆和汉堡成功建立起劳资委员会，其他许多城市的劳资委员会也相继成立。因此，德国的抗议活动格局呈现分裂态势：柏林的骑手试图在自由工人联盟的帮助下通过直接行动来改善工作条件，其他大多数城市的骑手则寻求食品行业工会的支持以组建劳资委员会。食品行业工会起初持怀疑态度，但在骑手的首次抗议活动取得成功后，该工会开始支持平台外卖行业，并启动建立工会组织的试点工作。截至2019年年底，食速达在5座城市和一个地区设有劳资委员会，并辅以一个涉及全平台的联合委员会。

尽管面临许多障碍，科隆的骑手还是通过各种沟通渠道率先选举产生劳资委员会：食速达和户户送的骑手分别在2017年7月和2018年2月通过选举产生劳资委员会。当时，户户送的大批骑手仍然属于受雇者而不是自雇者。骑手们在自主聊天群里暗中筹备劳资委员会的选举工作，只有受邀者才能入群。一位活跃分子回忆道："所有骑手都签有临时合同，部分人还处于试用期。……最初，大家小心翼翼，谨慎行事。"

户户送在骑手成功组建劳资委员会后调整了商业模式，不再与合同到期的受雇骑手续约。自此之后，平台只与德国各地的自雇骑手合作。劳资委员会的成员因而丢掉饭碗，委员会仅存在3个月便寿终正寝。户户送由此踏上"后企业社会"之路（Davis，2017）。

　　食速达骑手主要利用班次开始前的面对面交流来组织劳资委员会选举。在集合地点的狭小区域内，活跃分子向其他骑手发表"竞选演说"。劳资委员会成立后，一直为改善骑手的工作条件而竭尽所能。例如，整个德国只有科隆禁止根据骑手的绩效来分配班次，食速达因此勉强同意在个别城市采用德国的劳资关系模式，这一点与户户送有所不同（Silvia，2013）。尽管受到他律的全面约束且背负"没有工会组织"的名声，但成功选举劳资委员会证明外卖骑手具备组织能力。然而从前面的讨论可知，这种制度化的团结不会凭空出现，其核心基础是骑手之间的交流（尽管平台有意阻止）以及由此产生的团结文化。这种文化在骑手与平台的公开冲突中始终存在，也为骑手采取行动创造出更多机会。

小结

　　团结文化是劳动者集体斗争的基础（Fantasia，1989）。但团结并非直接源自共同的客观利益，而是依赖日常交流（Zoll，1988）。如前所述，外卖平台致力于通过人工智能（更确切地说是算法化工作控制）实现劳动者的原子化，因此会设法阻止劳动者的自组织。而我们收集的调查数据

显示，60%的德国外卖骑手通过官方聊天群、非官方聊天群
（更常见）、工作期间随意的面对面交流等方式和同事保持
频繁或非常频繁的联系。表达对工作条件的不满是这种交
流的核心主题之一，反映出骑手的工作满意度非常低。正因
为如此，骑手们利用许多在线工具和面对面交际网来组织开
展旨在改善工作条件的集体斗争。由于更激进的基层工会成
为动员全欧洲骑手的核心，这种自组织最初在很大程度上游
离于官方工会之外。而在谈判取得初步进展并引来媒体关注
后，官方工会开始介入，协助骑手组建劳资委员会。

　　总而言之，为争取平台劳动者权利而进行的正式和非正
式斗争表明，围绕人工智能和算法化工作控制发生冲突的可
能性很大（Schaupp，2018）。从上述研究结果可以看到，管
理者试图利用人工智能来破坏集体组织的努力最后以失败告
终。技术决定论因此受到质疑，这种理论认为人工智能引入
劳动过程会导致劳动者的完全原子化。

第12章
抵制"算法老板"

◎ 乔安娜·布罗诺维卡

◎ 米蕾拉·伊万诺娃

> 不要被宣传所惑——新的配送费方案是个"坑"！
> 现在就团结起来！
>
> ——"配送工会"运动（Deliverunion）[①]柏林会议邀请函

2018年12月，30多位外卖骑手、活动人士与研究人员齐聚德国柏林，讨论户户送新实施的配送费方案。对于每份订单，平台不再支付相同的配送费，而是根据餐厅与顾客之间的距离制定不同的配送费率。户户送没有向骑手透露计算新

---

① "配送工会"运动由食速达和户户送的外卖骑手联合倡议，得到柏林自由工人联盟的支持。

费率所用的算法规则，因此柏林自由工人联盟（FAU-B）的骑手活跃分子组织了一次会议以交流各自掌握的信息。英法两国的骑手首先通过即时通信软件Skype解释了他们的工作条件为何因为实施新方案而恶化，一位骑手随后介绍了如何通过对算法进行"逆向工程"来估算新费率的计算公式。

当骑手们猜测算法时，我们问自己，这类猜测是否应该算作集体抗争？哪些条件催生出这种必要的抗争？根据对柏林食速达和户户送骑手的案例研究，我们决定将研究重点从抗议、罢工等公共集体行动转向抵制算法管理的隐藏实践。在2018年3月至2019年1月，我们对20位骑手和6位公司代表进行了半结构化访谈。尽管雇佣模式不同（柏林的户户送骑手属于自雇者，食速达骑手则属于受雇者），但两家平台为控制骑手自主性而采取的数字化战略却惊人地相似。

此外，我们观察了骑手在工作时、下班后与工会会议期间的互动情况，并尝试了解反对算法管理的条件、个中缘由以及最可能出现这种情况的时机。我们采用链式抽样调查法选择骑手，努力确保调查对象能"体现出所涉人群的一般特征"（Biernacki and Waldorf，1981：155）。样本相当多样化：既有加入工会的骑手，也有批评工会的骑手；既有热爱骑行的骑手，也有反感骑行的骑手；既有兼职骑手，也有全职骑手；既有移民骑手，也有本地骑手；既有男性骑手，也有女性骑手。

我们发现，受到算法管理的约束给已经岌岌可危的状况罩上一个"数字"层。换句话说，信息真空、缺乏反馈机制、数据驱动绩效控制等数字特征只会加剧不安全感。研究结果表明，许多应对应用程序化管理的集体实践致力于猜测并规避算法规则，但也有部分实践涉及重构算法规则，使之可以受到质疑。我们得出的结论如下：当远离公众视线的实践暴露并质疑劳动者与平台之间的权力不平衡时，可以把这些实践视为抗争。

算法管理和抗争

争论的实践需要放在特定管理制度的范围内进行分析（Edwards，1979），原因在于不同的模式会产生抗争的"自身矛盾和条件"（Ackroyd and Thompson，2016：188）。数字劳动平台的模式依靠独立承包商或极少数短期雇员来降低劳动成本（Srnicek，2017），而劳动者流动率高和议价能力弱（Vandaele，2018）导致工作条件更加不稳定。平台管理制度的特殊性取决于技术能力，通过"独特的数字化'生产点'"（Gandini，2019：1044）来控制劳动者的劳动过程——"生产点"是体现"行业规则"的移动应用程序，在"持续创新和实验的过程"中不断更新（Ivanova et al.，2018：10）。

乍看之下，基于应用程序的工作似乎不是孕育对立性实践（oppositional practice）的沃土。因为这类工作具有按单结算、数据驱动控制、流动率高、劳动者相互孤立等特点，不利于产生共同的体验、理解与规范（Graham and Woodcock，2018）。然而，研究人员已经在算法化工作场所观察到各类抗争实践——从发起抗议和罢工到建立劳资委员会——从而证明对抗平台的权力确实可行（Animento，Di Cesare and Sica，2017；Ecker，Le Bon and Emrich，2018；Degner and Kocher，2018；Chen，2018；Vandeale，2018；Herr，2017）。此外，近年来关于群体工作场所和零工工作场所的研究表明，在平台边界之外（例如在线论坛或社交媒体）为群体内表达开辟空间很重要（Yin et al.，2016；Rosenbalt and Stark，2016；Wood et al.，2019）。相对于抗议或罢工等公共抗争实践，个人和集体隐藏实践的性质更加模糊，有时被认为在政治上无关紧要（Contu，2008）。但是姆贝（Mumby）等人提出，当"现行的权力结构变得可见、改变本性且权力运行的衡量标准受到审查和质疑"时，确实可以把称作"底层政治"的公开实践和隐藏实践视为抗争（2017：1164）。

就数字平台而言，"集体底层政治"可以揭示出平台与劳动者之间的信息不对称和权力不对称——"猜测"某些不透明的算法就是一种手段，这些算法将劳动者的表现转化为监控和评估他们的数据（Möhlmann and Zalmanson，2017）。为规避算法管理的纪律约束，来福车司机和优步司机不仅与他人分享自己的失误和发现，而且汇总各自的观察结果，还设法猜测定价机制或分配规则（Allen-Robertson，2017）。劳动者通过这种集体过程来构建理论、故事与都市传奇（Möhlmann and Zalmanson，2017），即"算法想象"（Chan and Humphreys，2018）或"寓言式算法"（Anderson，2016）。集体实践进而可以寻找系统漏洞或规避算法管理规则。例如，优步司机关闭全球定位系统以避免因拒接无利可图的订单而受到平台惩罚（Chan and Humphreys，2018）。随着劳动者慢慢认识到行业遭到操纵的事实，"寓言式算法"逐渐消失，"算法想象"也被解构。劳动者认为算法管理存在过于明显的暗箱操作痕迹，这种道德感令他们开始怀疑算法（Shapiro，2018；Möhlmann and Zalmanson，2017）。部分失望的劳动者可能选择"发声"作为应对策略：他们构建新的框架,从内部推动变革(Hirschman,1970)。

算法管理的数字化要素很难与按单结算、劳动者流动率高、缺乏工会结构等重要条件分开。我们把研究重点转向抗争的这些条件和实践,它们对应用程序化管理或更广泛的数字中介劳动来说确实是独一无二的。

调查结果

我们对食速达和户户送骑手的访谈表明,信息真空、缺乏反馈机制、数据驱动绩效控制这三个"数字"要素使本已不稳定的工作条件雪上加霜。

首先,"数字不稳定者"都有在信息真空以及交际孤立的情况下工作的经历。外卖骑手表示,规则或软件设计的频繁变化使"独自面对问题"成为常态:"几乎每周都会变,感觉自己就像小白鼠。"他们称自己感到"困惑"和"多疑",而且"担心因为无法真正理解所有统计数据……而丢掉饭碗"。骑手们还要被迫学习算法背后的规则,原因在于"规则无处不在,随时都要和它们打交道"。然而,由于缺乏专门供骑手交流的实体空间或数据空间(骑手们认为平台有意"阻止我们彼此交谈"),他们的努力以失败告终。

　　其次，骑手也接触不到公司代表和平台经理。通过电子邮件联系主管的经历并不愉快："可能需要两三个工作日才能得到答复，但是你对得到的答复永远不会感到满意，因为他们解释得不够清楚。"一位骑手将给平台办公室发邮件比作"在森林里大呼小叫，希望有人能听到"，以此来形容自己人微言轻的状态。由于缺乏话语权或代表权，骑手们不得不寻求其他途径来集体解决自身的诉求。

　　最后，受制于数据驱动绩效控制的经历加剧了所有骑手的不安全感。统计数据最亮眼的骑手才有机会获得收入高的班次，其他骑手则只能竞争普通的班次（Ivanova et al.，2018）。统计数据较差的骑手很难在有利可图的时段和城区工作，他们感到"前所未有的不安全感"。此外，骑手们认为统计数据的编制方式没有把因生病、交通事故、自行车损坏、无法上网等因素导致的迟到或缺勤考虑在内，因此"有欠公允"且"不近人情"。

　　应用程序化管理的这些共同条件催生出"数字不稳定者"的集体体验：困惑、孤立、没有安全感且缺乏话语权，也推动了为组织边界之外的集体体验和过程开辟新的数字空间的需求。存在于通信应用程序WhatsApp、企业办公通信软件Slack或脸书的自组织交际结构不仅为群体内认同创造出各种机会，而且孕育出新的集体策略来分享信息、互帮互助、表达意愿并（最终）改变工作中的权力关系。

猜测算法：集体规则发现实践

研究结果表明，户户送和食速达的骑手通过参与集体规则发现来填补应用程序化管理产生的信息真空。他们各自收集信息并分享给他人，从而将个体假设转化为集体理论。一般来说，猜测行业规则的这些集体实践一是为了重新掌握工作过程的控制权，二是为了质疑管理制度的合法性。

许多面对面交流或数字化交流致力于"猜测和八卦"应用程序化管理存在哪些尚未发现的规则。正如一位骑手所言："当然，我们会随时和同事讨论自己不知道的事情。"根据我们的观察和访谈，骑手们经常设法猜测派单算法的原理。他们质疑算法在分配订单时是否确实只考虑全球定位系统位置以及骑手与餐厅之间的距离，还是也会考虑其他因素。而对于排班分类系统的指标，户户送骑手同样不了解运作机制。他们知道迟到和缺勤是影响徽章系统排名的两个指标，但不清楚准时率应该达到多少才能提高自己的排名。分享经验知识的做法对于新入行的骑手似乎尤其难能可贵。例如，骑手们向一位新同事保证，收到"接单率待定"
的通知不足为虑："我已经连续拒接了四五单，也没有出什
么问题。"

应用程序发生变化后，集体学习的实践也会增强，因为
平台往往不会向骑手透露新规则，他们只能自己去摸索。举
例来说，当平台推出向顾客显示骑手姓名的功能时，骑手们
口口相传，互相转达这个消息。一旦应用程序出现重大设计
变更，骑手们不仅会分享各自的试错结果，也会探索应用程
序化管理的实际运作机制。例如，在食速达部署新的排班预
约系统后，一位骑手发现"基本上只有用过才知道——要么
自己用过，要么别人用过"。

我们发现，猜测有助于构建针对算法规则的集体想象。
以派单算法为例，一些骑手认为算法很公平，骑手们每班获
得的订单数量大致相等；另一些骑手则认为"送餐速度越
快，系统分配的订单距离越远"。这些想象会产生行为后
果——部分骑手要么放慢速度，以免接到路途较远的订单；
要么在餐厅附近的街道上徘徊，希望尽快接到下一单。

分享有用的信息而非免费使用他人收集的信息揭示出
这种实践的政治性（Olson，1965；Jasper，2011）。一些学
者说得好，规则发现和系统猜测"往往反映出平台不重视骑

手幸福感和成功的恶意企图，并鼓励骑手采取行动和抗争"（Möhlmann and Zalmanson，2017：11）。澄清有意模糊的规则设计其实就是一种抗争——不是为了个人利益，而是为了以一种可以规避或质疑规则的方式揭露不公平的规则，并使权力的天平向劳动者倾斜。

操纵系统：规避算法规则

户户送和食速达的骑手采用集体策略不仅仅是学习规则，他们的目标是"操纵"规则，避免受到平台的惩罚。举例来说，骑手们不仅通过下载各种应用程序来伪造手机的全球定位系统位置、掩盖工作迟到的事实并保护自己的统计数据，还通过待在家里拒接所有订单以避免因缺勤而受罚。他们并没有对这些策略守口如瓶，反而热衷于相互交流如何利用应用程序的设计缺陷和行为不端的机会"钻系统的空子"。这些实践在没有"实体老板"的情况下更容易实现，因为就像一位骑手观察到的那样，"应用程序无法洞察一切……所以可以（假装）遵守公司的规定"。

我们发现，区分劳动者在操纵系统时采用的个人策略和集体策略并不容易，因为个人的不端行为有助于集体团结。

在户户送引入一种根据统计数据自动划分骑手的排班预约系统后，骑手们通过建立"换班黑市"予以应对：统计数据较好的骑手无视平台设置的竞争逻辑，设法将收入高的班次重新分配给统计数据较差的骑手。这种行为并没有明显的个人利益，其意图一望便知——它暴露出数据驱动型排名系统存在的不公平问题，因为统计数据较差的骑手可能会丢掉饭碗。这种换班实践体现出平台劳动者的"数字不端行为"或"算法行动主义"（Chen，2018），他们利用了应用程序化管理系统的漏洞。我们还发现，由于劳动者普遍了解零工经济的不稳定性，因此会形成非正式的支持网络并促进集体反对。

综上所述，换班实践揭示出通过竞争进行控制的逻辑，并用团结的逻辑取而代之，所以虽然公司和旁观者看不到这种实践，但仍然应该视其为一种抗争。从更广泛的意义上讲，我们认为如果操纵系统的策略引发对社会性设计的集体质疑，就可以认为这些策略属于抵制算法规则的一种形式。

重构工作：隐藏的异议表达

我们发现，同样的交际结构既可以用于分享工作规则的相关信息，也可以迅速改头换面用作集体表达对管理层不满的手段。在外卖骑手看来，"工作条件以及户户送没有善待骑手的种种表现是永恒的话题"。我们注意到，就算骑手们下班后聚在一起放松，谈话内容也很快转向"吐槽"工作条件。我们在访谈期间也听到骑手们抱怨应用程序化管理，尤其对以下两个问题感到不满：一是认为数据收集有误，二是认为平台没有明确解释如何根据统计数据自动排班。一位骑手表示，他对应用程序显示自己的平均时速为38千米深感困惑："算法给出了结果，但显然有问题……其实，要么是数据解释有误，要么是结果有误。"

我们还发现，当公司突然单方面改变管理制度时，表达异议会强化集体的"道德震撼"（Jasper，2011）。在新排班系统上线的当天，一位骑手描述了某个WhatsApp群组的反应："大家都在刷屏，估计有1000行对话。所有人都用'脑子进水了''蠢到没朋友'之类的言辞来评价新系统。"这类道德震撼表明管理实践显然不符合自身的道德框架，因此在动员劳动者开展集体行动方面起到重要作用。

劳动者随后对应用程序化管理制度进行重构。重构发生在组织边界之外，远离监督者的视线。应用程序化管理制度似乎具有不同于传统工作场所的情感政治（affective politics）。在传统的工作场所，管理者可以模拟并规范情感表达，从而"阻止劳动者建立更传统的友谊和社区网络"（Gregg，2010：253）。户户送和食速达骑手的工作场所似乎不存在这种情感规范，骑手们视其为送餐工作的优势："这份工作既不必取悦他人，也不必费心打点各方面的关系。"我们认为，缺乏情感控制可以为"情感团结"（Moore，2019）以及集体表达异议开辟新的空间。

质疑算法：集体表达诉求

除猜测、操纵、重构工作规则等隐蔽而模糊的实践外，我们还观察到劳动者公开表达自己的"诉求"——要么直接与公司管理层对话，要么通过工会沟通。第一种策略是向管理层代表发送电子邮件、信件与Slack消息以表达不满，或是在开会时直抒己见。例如，一批骑手在户户送调整奖金发放标准后致信公司称："这种做法绝对不正确，公司不能就这样夺走我们维持生计的手段。"户户送骑手要求召开会议讨论排班预约系统，他们提出允许骑手相互换班的替代方案。骑手们还邀请公司使用团队协作工具Slack，既是为了与公司分享意见和建议，也是为了增加曝光率——或者用一位骑手的话来说，是为了提升在公司面前的"存在感"。第一种策略的支持者认为，个人或集体表达诉求可以对管理决策产生积极的影响。

而在"配送工会"运动（得到柏林自由工人联盟的支持）的参与者看来，除非迫于骑手或公众的压力，否则公司管理层不太可能实施令人满意的变革。通过请愿、示威、抗议等方式，参加"配送工会"运动的户户送和食速达骑手使公众对外卖平台工作条件的了解进一步加深。2018年1月，食速达骑手在母公司外卖超人的柏林办公室前"运送"损坏的自行车零件以示抗议；同年4月，户户送骑手将一个披萨盒"送到"公司的柏林办公室，里面装有150位要求改善工作条件的骑手的签名。除媒体报道的这些行动外，户户送骑手还在柏林某地组织了一场"下线罢工"，但这场罢工没有吸引到足够多的骑手参与，因此未能产生足够的影响。

数字环境的意外变化为工会组织者创造出集体动员的机会。一位食速达工会成员解释说，公司决定向餐厅和顾客透露骑手姓名成为"配送工会"运动的催化剂："我们就是从那时开始组织起来的。"工会的诉求随着时间的推移而变化，但最初侧重于改善工作条件，包括支付自行车维修费用、提高时薪以及保证每周安排足够的工作时间。后来，这些诉求具体到应用程序化管理的情况：户户送骑手要求提高工作时间的透明度，食速达骑手则要求每周为排班计划支付一小时工资。

抗议、示威、罢工等行动既表达了对公司的集体呼声，也表达了对公众和工人运动支持者的集体呼声。在平台经济中，数据驱动架构似乎给劳动者贴上不可见、可计算且易于替代的标签（van Doorn，2017），因此公开展示他们的存在、不满与意见无疑是一种对立形式。最终，一旦劳动者无法通过直接接触管理层来"获得支配权以参与影响自身的决策"（Fleming and Spicer，2007：48），公众抗争就成为唯一和最后的手段。

讨论

本研究致力于探讨算法管理与抗争实践之间的关系。我们发现，尽管面临零工工作常见的障碍和算法化工作场所特有的障碍，平台劳动者仍然是众多对立实践的参与者。在研究基于应用程序的工作场所时，其他学者也观察到与猜测、操纵、重构、质疑算法规则类似的实践。通过详细论述"数字不稳定性"的条件以及"算法抗争"的可能性和形式，我们的研究成果对这一研究方向有所贡献。

首先，本研究认为，算法管理催生出不稳定雇佣模式带来的不安全和不稳定状况，包括交际孤立和信息真空、缺乏话语权和代表权、利用数据来控制而不是支持劳动者等。算法管理无疑会阻碍有组织的抗争，但同时也能促进共同的经验和需求，而这些经验和需求只能通过集体学习、团结与抗争的实践加以解决。这种抗争会破坏算法规则。坎特（Cant，2019）注意到，在增加脆弱性的同时，不稳定性也会加剧阶级冲突。

其次，本研究通过更多示例来阐述劳动者如何利用技术漏洞为集体抗争开辟新的空间。我们讨论了摆脱或暂缓执行算法规则的创新方法，以深化"算法行动主义"的概念（Chen，2018）。无论是伪造手机的全球定位系统位置以避免因缺勤而受到惩罚，还是本着团结精神交换收入高的班次，劳动者可以利用自己掌握的技术知识来规避公司制定的纪律逻辑。零工劳动者很快将数字技术运用到斗争中，如"下线罢工"显然是对"登录型劳动"（Huws，2016）这种新工作模式的回应。Slack在外卖平台的应用表明，为其他工作场所设计的通信工具很容易重新用于没有"实体老板"的环境。无论哪种实践都有助于劳动者"创造一定的空间和自主性"，以便不仅作为个体，而且作为一个群体"行使某种程度的控制权"
（Edwards，Collinson and Della Rocca，1995：284）。

最后，本研究认为，如果算法抗争的隐藏实践存在政治
意图，则可以也应该算作抗争。一般来说，猜测和操纵系统
不仅仅是无意改变潜在权力结构的"应对策略"（Sauder and
Espeland，2009；Chan and Humphreys，2018），当这类策略
开始审查并质疑算法机制时，抗争就会出现（Mumby et al.，
2017）。实际上，集体规则发现致力于揭露不公平的指标和
规则，操纵系统则有助于使权力的天平向劳动者倾斜。与其
他策略共同使用时，操纵系统的策略可能促使信息不对称重构
为不公平的行为，并把信息获取置于劳动者诉求的核心地位。

在精心设计的游戏中，玩家通过反复试验来逐渐熟悉规
则；但在平台经济中，劳动者不需要完全理解行业规则，而
且尝试会受到惩罚。从某种程度上说，平台经济的这些控制
机制旨在回归西方社会的"工业体系"（Cherry，2016），
但是被一种新的方式所扭曲。算法管理导致信息不对称的现
象越来越严重，时间、精力、工资等传统的斗争场所又增添
了信息获取和算法公平性方面的新争议。观察话语权和代表
权遭到平台剥夺的劳动者如何实践新形式的抗争，有助于我
们认识下一个劳资关系时代的权力重组。

参考文献

引言　人工智能的创造、伪装与摆脱

Burawoy, M. (1979). *Manufacturing Consent*. Chicago: University of Chicago Press.

Moore, P. and Joyce, S. (2020). Black Box or Hidden Abode? The Expansion and Exposure of Platform Work Managerialism. Special Issue 'The Political Economy of Management', ed. Samuel Knafo and Matthew Eagleton-Pierce. *Review of International Political Economy* 27(3).

Srnicek, N. (2017). *Platform Capitalism*. Cambridge: Polity.

Taylor, M. (2017) Good Work: The Taylor Review of Modern Working Practices. At www.gov.uk/government/publications/good-work-the-taylor-review-of-modernworking-practices.

Waters, F. and Woodcock, J. (2017). Far from Seamless: A Workers' Inquiry at Deliveroo. *Viewpoint Magazine*. At www.viewpointmag.com/2017/09/20/farseamless-workers-inquiry-deliveroo.

Woodcock, J. and Graham, M. (2019). *The Gig Economy: A Critical Introduction*. Cambridge: Polity.

Zuboff, S. (2015). Big Other: Surveillance Capitalism and the Prospects of an Information

Civilization. *Journal of Information Technology* 30, 75–89.

第1章　今天的智能劳动者何在？

Aloisi, A. and Gramano, E. (2019). Artificial Intelligence is Watching You At Work:Digital Surveillance, Employee Monitoring and Regulatory Issues in the EU Context. *Comparative Labour Law and Policy Journal* 41(1), 95–122. Special Issue:'Automation, Artificial Intelligence and Labour Law', edited by V. De Stefano.

Anwar, M. A. and Graham, M. (2019). Digital Labour at Economic Margins: African Workers and the Global Information Economy. *Review of African Political Economy*. At https://ssrn.com/abstract=3499706.

D'Cruz, P. and Noronha, E. (2018). Target Experiences of Workplace Bullying on Online Labour Markets: Uncovering the Nuances of Resilience. *Employee Relations* 40(1), 139–54.

Delponte, L. (2018). *European Artificial Intelligence Leadership, the Path for an Integrated Vision.* Brussels: Policy Department for Economic, Scientific and Quality of Life Policies, European Parliament.

Dreyfus, H. (1979). *What Computers Can't Do*. New York: MIT Press.

European Commission (2018). Communication on Artificial Intelligence for Europe. Brussels: European Commission. At https://ec.europa.eu/digital-single-market/en/news/communication-artificial-intelligence-europe.

European Commission (2020). On Artificial Intelligence: A European Approach to Excellence and Trust. White Paper. At https://webcache.googleusercontent.com/search?q=cache:VR6r VqV3V_4J:https://ec.europa.eu/info/sites/info/files/commission-white-paper-artificial-intelligence-feb2020_en.pdf+&cd=1&hl=en &ct=clnk&gl=uk&client=firefox-b-d.

European Data Protection Board (EDPB) (2020). Guidelines 05/2020 on Consent Under Regulation 2016/679 Version 1.1. Adopted on May 2020.

Facebook (2020). Computer Vision. At https://ai.facebook.com/research/computervision.

Gillespie, T. (2018). *Custodians of the Internet: Platforms, Content Moderation, and the Hidden Decisions That Shape Social Media*. New Haven: Yale University Press.

Google (2019). Google Vision API (Part 13) – Detect Explicit Content (Safe Search Feature). At https://learndataanalysis.org/

google-vision-api-part-13-detectexplicit-content-safe-search-feature.

Gray, Mary L. (2019). Ghost Work and the Future of Employment. Microsoft Research, 11 June 2019. EmTech Next. At https://events.technologyreview.com/video/watch/mary-gray-microsoft-ghost-work.

Gray, M. L. and Suri, S. (2019). *Ghost Work: How to Stop Silicon Valley from Building a New Global Underclass*. New York: Mariner.

Hutter, M. (2012). One Decade of Universal Artificial Intelligence. In Pei Want and Ben Goertzel, eds. *Theoretical Foundations of Artificial General Intelligence*, Vol. 4. Amsterdam: Atlantis, 67–88.

IDC and Open Evidence (2017). *The European Data Market Study*. At https://datalandscape.eu/study-reports/european-data-market-study-final-report.

Levin, S. (2017). Google to Hire Thousands of Moderators After Outcry Over YouTube Abuse Videos. *Guardian*, 4 December. At www.theguardian.com/technology/2017/dec/04/google-youtube-hire-moderators-child-abuse-videos.

Malabou, C. (2015). Post-Trauma: Towards a New Definition?, in M. Pasquinelli, ed. *Alleys of Your Mind: Augmented*

Intelligence and its Traumas. Lüneburg: Meson Press, 187–98.

Marx, K. (1993). *Grundrisse.* London: Penguin.

Microsoft Azure (2020). Content Moderator. At https://azure.microsoft.com/en-us/services/cognitive-services/content-moderator.

Moore, P. (2018a). *The Quantified Self in Precarity: Work, Technology and What Counts.* London and New York: Routledge.

Moore, P. (2018b). Tracking Affective Labour for Agility in the Quantified Workplace. *Body & Society* 24(3): 39–67.

Moore, P. V. (2020). The Mirror for (Artificial) Intelligence: In Whose Reflection? *Comparative Labour Law and Policy Journal* 41(1), 47–67. Special Issue: 'Automation, Artificial Intelligence and Labour Law', edited by V. De Stefano.

Newton, C. (2019). The Trauma Floor: The Secret Lives of Facebook Moderators in America. The Verge. Online: www.theverge.com/2019/2/25/18229714/cognizantfacebook-content-moderator-interviews-trauma-working-conditions-arizona.

Noronha, E. and D'Cruz, P. (2009). *Employee Identity in Indian Call Centres: The Notion of Professionalism.* New Delhi: Sage/Response.

Organisation for Economic Cooperation and Development

(OECD) (2019). Recommendation of the Council on Artificial Intelligence. OECD, LEGAL/0449, 12 May 2019. At https://legalinstruments.oecd.org/en/instruments/OECD-LEGAL-0449.

Pasquinelli, M., ed. (2015). *Alleys of Your Mind: Augmented Intelligence and its Traumas.* Lüneburg: Meson Press.

Perel, M. and Elkin-Korean, N. (2017). Black Box Tinkering: Beyond Disclosure in Algorithmic Enforcement. *Florida Law Review* 69, 181–222.

Pinto, A. T. (2015). The Pigeon in the Machine: The Concept of Control in Behaviourism and Cybernetics, in M. Pasquinelli, ed. *Alleys of Your Mind: Augmented Intelligence and its Traumas.* Lüneburg: Meson Press, 23–36.

Punsmann, B. G. (2018). Three Months in Hell. What I Learned from Three Months of Content Moderation for Facebook in Berlin. At https://sz-magazin. sueddeutsche.de/internet/three-months-in-hell-84381.

Ruckenstein, M. and Turunen, L. (2019). Re-humanizing the Platform: Content Moderators and the Logic of Care, *New Media and Society* 22(6), 1026–42.

Sewell, G. (2005). Nice work? Rethinking Managerial Control in an Era of Knowledge Work. *Organization* 12(5), 685–704.

Wong, Q. (2019). Content Moderators Protect Facebook's 2.3 Billion Members. Who Protects Them? Net News. At www.cnet.com/news/facebook-contentmoderation-is-an-ugly-business-heres-who-does-it.

第2章　资本、劳动与监管之间的人工智能

Anon (2018). *Algorithmic Accountability Policy Toolkit*. At https://ainowinstitute.org/aap-toolkit.pdf.

Azizirad, M. (2018). Microsoft AI: Empowering Transformation. Microsoft AI Blog. At https://blogs.microsoft.com/ai/microsoft-ai-empowering-transformation.

Berg, J. et al. (2018). *Digital Labour Platforms and the Future of Work: Towards Decent Work in the Online World.* At www.ilo.org/global/publications/books/WCMS_645337/lang--en/index.htm.

Bilić, P. (2016). Search Algorithms, Hidden Labour and Information Control. *Big Data & Society* 3(1). At https://doi.org/10.1177/2053951716652159.

Bughin, J. et al. (2017). *Artificial Intelligence: The Next Digital Frontier?* At www.mckinsey.com/~/media/McKinsey/Industries/Advanced%20Electronics/Our%20Insights/How%20artificial%20intelligence%20can%20deliver%20real%20 value%20to%20companies/MGI-Artificial-Intelligence-Discussionpaper.ashx.

CBInsights (2017). *Winners And Losers in the Patent Wars Between Amazon, Google, Facebook, Apple, and Microsoft*. At www.cbinsights.com/research/innovation-patents-apple-google-amazon-facebook-expert-intelligence.

CBInsights (2019). *The Race for AI: Here Are the Tech Giants Rushing to Snap Up Artificial Intelligence Startups*. At www.cbinsights.com/research/innovationpatents-apple-google-amazon-facebook-expert-intelligence.

EU (2018a). *Artificial Intelligence for Europe*. At https://eur-lex.europa.eu/legalcontent/EN/TXT/?uri=COM:2018:237:FIN.

EU (2018b). *The Age of Artificial Intelligence: Towards a European Strategy for Human-Centric Machines*. At https://ec.europa.eu/jrc/communities/en/community/digitranscope/document/age-artificial-intelligence-towards-european-strategyhuman-centric.

Forde, C. et al. (2017). *The Social Protection of Workers in the Platform Economy*. At www.europarl.europa.eu/RegData/etudes/STUD/2017/614184/IPOL_STU(2017)614184_EN.pdf.

G20 (2019). G20 Ministerial Statement on Trade and Digital Economy. At http://trade.ec.europa.eu/doclib/press/index.

cfm?id=2027.

Gibbs, S. (2015). Musk, Wozniak and Hawking Urge Ban on Warfare AI and Autonomous Weapons. *Guardian*, 27 July. At www.theguardian.com/technology/2015/jul/27/musk-wozniak-hawking-ban-ai-autonomous-weapons.

Graham, M. and Woodcock, J. (2018). Towards a Fairer Platform Economy: Introducing the Fairwork Foundation. *Alternate Routes* 29, 242–53.

Harvey, D. (2014). *Seventeen Contradictions and the End of Capitalism*. Oxford and New York: Oxford University Press.

Huber, W. D. (2016). The Myth of Protecting the Public Interest: The Case of the Missing Mandate in Federal Securities Law. *Journal of Business & Securities Law* 16(2), 401–23.

Huws, U. (2014). *Labor in the Global Digital Economy: The Cybertariat Comes of Age*. New York: Monthly Review Press.

Irani, L. (2015a). Justice for 'Data Janitors'. At www.publicbooks.org/justice-for-datajanitors.

Irani, L. (2015b). The Cultural Work of Microwork. *New Media & Society* 17(5), 720–39.

Keller, E. and Gehlmann, G. A. (1988). Introductory Comment: A Historical Introduction to the Securities Act of 1933 and the Securities Exchange Act of 1934 Symposium: Current Issues in Securities Regulation. *Ohio State Law Journal* 49, 329–352.

Koene, A. et al. (2019). *A Governance Framework for Algorithmic Accountability and Transparency: Study*. At www. europarl.europa.eu/RegData/etudes/STUD/2019/624262/EPRS_ STU(2019)624262_EN.pdf.

Lewin, S. B. (1996). Economics and Psychology: Lessons for Our Own Day from the Early Twentieth Century. *Journal of Economic Literature* 34(3), 1293–323.

Manyika, J. and Sneader, K. (2018). AI, Automation, and the Future of Work: Ten Things to Solve For. At www.mckinsey.com/ featured-insights/future-of-work/ai-automation-and-the-future-of-work-ten-things-to-solve-for.

Marx, K. (1996). *Capital: Vol. 1*. Collected Works 35. London: Lawrence & Wishart.

Mirowski, P. and Hands, W. (1998). A Paradox of Budgets: The Postwar Stabilization of American Neoclassical Demand Theory. In M. Morgan and M. Rutherford, eds, *From Interwar Pluralism to Postwar Neoclassicism*. Durham, NC: Duke University Press, 260–89.

OECD (2018). Private Equity Investment in Artificial Intelligence. At www.oecd. org/going-digital/ai/private-equityinvestment-in-artificial-intelligence.pdf.

OECD (2019). Recommendation of the Council on Artificial Intelligence. At https://legalinstruments.oecd.org/en/instruments/ OECD-LEGAL-0449.

Petitioners (2017). An Open Letter to the United Nations Convention on Certain Conventional Weapons. At https:// futureoflife.org/autonomous-weapons-openletter-2017.

Pichai, S. (2018). AI at Google: Our Principles. At https:// blog.google/technology/ai/ai-principles.

Rahwan, I. et al. (2019). Machine Behaviour. *Nature* 568(7753), 477–86.

Reisman, D., Schultz, J. Crawford, K. and Whittaker, M. (2018). *Algorithmic Impact Assessments: A Practical Framework for Public Agency Accountability*. At https://ainowinstitute.org/ aiareport2018.pdf.

Roberts, S. T. (2016). Commercial Content Moderation: Digital Labourers' Dirty Work. *Media Studies Publications* 12. At https://ir.lib.uwo.ca/commpub/12.

Roberts, S. T. (2018). Digital Detritus: 'Error' and the Logic of Opacity in Social Media Content Moderation. *First Monday* 23(3). At https://firstmonday.org/ojs/index.php/fm/article/

view/8283.

Sonnad, N. (2018). A Flawed Algorithm Led the UK to Deport Thousands of Students. *Quartz*, 3 May. At https://qz.com/1268231/a-toeic-test-led-the-uk-todeport-thousands-of-students.

Sylla, R. (1996). The 1930s Financial Reforms in Historical Perspective. In Dimitri Papadimitriou, ed. *Stability in the Financial System*. Basingstoke: Palgrave Macmillan, 13–25.

Tech Workers Coalition (2018). Tech Workers, Platform Workers, and Workers' Inquiry. At https://notesfrombelow.org/article/tech-workers-platform-workersand-workers-inquiry.

Whittaker, M., Crawford, K., Dobbe, R. et al. (2018). *AI Now Report 2018*. At https://ainowinstitute.org/AI_Now_2018_Report.pdf.

第3章 外卖骑手

Burawoy, M. (1979). *Manufacturing Consent*. Chicago: University of Chicago Press.

Burawoy, M. (1985). *The Politics of Production*. London: Verso.

Deleuze, G. and Guattari, F. (2005). *A Thousand Plateaus: Capitalism and Schizophrenia*. Minneapolis: University of

Minnesota.

Edwards, P. (1986). *Conflict at Work*. Oxford: Blackwell.

Fincham, B. (2006). Bicycle Messengers and the Road to Freedom. *The Sociological Review* 54(1), supplement, 208–22.

Friedman, A. (1977). Responsible Autonomy Versus Direct Control Over the Labour Process. *Capital & Class* 1(1), 43–57.

Gandini, A. (2018). Labour Process Theory and the Gig Economy. *Human Relations* 72(6), 1039–56.

Goods, C., Veen, A. and Barratt, T. (2019). 'Is Your Gig Any Good?' Analysing Job Quality in the Australian Platform-Based Food-Delivery Sector. *Journal of Industrial Relations*. At https://doi.org/10.1177/0022185618817069.

Griesbach, K., Reich, A., Elliott-Negri, L. and Milkman, R. (2019). Algorithmic Control in Platform Food Delivery Work. *Socius: Sociological Research for a Dynamic World* 5, 1–15.

Herr, B. (2017). Riding in the Gig Economy: An In-Depth Study of a Branch in the App-Based on-Demand Food Delivery Industry. Working Paper No. 169, Chamber of Labour, Vienna. At www.arbeiterkammer.at/infopool/wien/AK_Working_Paper_Riding_in_the_Gig_Economy.pdf.

Herr, B. (2018). *Ausgeliefert. Fahrräder, Apps Und Die Neue*

Art Der Essenzustellung. Vienna: ÖGB Verlag.

Horkheimer, M. and Adorno, T. W. (2006). *Dialektik Der Aufklärung. Philosophische Fragmente*. Frankfurt am Main: Fischer Taschenbuchverlag.

Jahoda, M. (1982) *Employment and Unemployment: A Social-Psychological Analysis*. Cambridge: Cambridge University Press.

Jaros, S. J. (2005). Marxian Critiques of Thompson's (1990) 'Core' Labour Process Theory: An Evaluation and Extension. *Ephemera: Theory and Politics in Organization* 5(1), 5–25.

Kidder, J. L. (2009). Appropriating the City: Space, Theory, and Bike Messengers. *Theory and Society* 38(3), 307–28.

Lazzarato, M. (2014). *Signs and Machines: Capitalism and the Production of Subjectivity*. Los Angeles: semiotext(e).

Marx, K. (1962). *Das Kapital*. Dietz, Berlin: Der Produktionsprozeß Des Kapitals.

Moore, P. (2018). *The Quantified Self in Precarity: Work, Technology and What Counts*. London and New York: Routledge.

Shapiro, A. (2018). Between Autonomy and Control: Strategies of Arbitrage in the 'On-Demand' Economy. *New Media & Society* 20(8), 2954–71.

Srnicek, N. (2017). *Platform Capitalism*. Cambridge: Polity.

Tilly, C. and Tilly, C. (1998). *Work under Capitalism*. Boulder: Westview Press.

Veen, A., Barratt, T. and Goods, C. (2019). Platform-Capital's 'App-etite' for Control: A Labour Process Analysis of Food-Delivery Work in Australia. *Work, Employment and Society* 34(3), 388–406.

Waters, F. and Woodcock, J. (2017). Far from Seamless: A Workers' Inquiry at Deliveroo. *Viewpoint Magazine*. At www. viewpointmag.com/2017/09/20/farseamless-workers-inquiry-deliveroo.

Woodcock, J. (2020). The Algorithmic Panopticon at Deliveroo: Measurement, Precarity, and the Illusion of Control. *Ephemera: Theory and Politics in Organization*. At www. ephemerajournal.org/contribution/algorithmic-panopticon-deliveroo-measurement-precarity-and-illusion-control.

第4章 数字化产消合一、监控、区隔

Antonio, R. J. (2015). Is Prosumer Capitalism on the Rise? *The Sociological Quarterly* 56, 472–83.

Bourdieu, P. (1989). Social Space and Symbolic Power. *Sociological Theory* 7, 14–25.

Bourdieu, P. (1990). *The Logic of Practice*. Stanford: Stanford University Press.

Bourdieu, P. (2008). The Forms of Capital. In N. W. Biggart, ed. *Readings in Economic Sociology*. Hoboken: John Wiley & Sons, 280–91.

Bourdieu, P. (2010). *Distinction*. London: Routledge.

Braverman, H. (1974). *Labor and Monopoly Capital: The Degradation of Work in the Twentieth Century*. New York: Monthly Review Press.

Cole, S. J. (2011). The Prosumer and the Project Studio: The Battle for Distinction in the Field of Music Recording. *Sociology* 45. At https://doi.org/10.1177/0038038511399627.

Comor, E. (2015). Revisiting Marx's Value Theory: A Critical Response to Analyses of Digital Prosumption. *The Information Society* 31, 13–19.

Duportail, J. (2017). I Asked Tinder For My Data. It Sent Me 800 Pages of My Deepest, Darkest Secrets. *Guardian*, 26 September. At www.theguardian.com/technology/2017/sep/26/tinder-personal-data-dating-app-messages-hackedsold.

Edelman, B. G. and Luca, M. (2014). *Digital Discrimination: The Case of Airbnb.com*. SSRN Scholarly Paper Nr. ID 2377353.

Rochester, NY: Social Science Research Network.

Emirbayer, M. and Johnson, V. (2008). Bourdieu and Organizational Analysis. *Theory and Society* 37(1), 1–44.

Flyverbom, M., Leonardi, P., Stohl, C. and Stohl, M. (2016). The Management of Visibilities in the Digital Age: Introduction. *International Journal of Communication* 10, 98–109.

Fourcade, M. and Healy, K. (2017). Seeing Like a Market. *Socio-Economic Review* 15, 9–29.

Fuchs, C. (2010). Labor in Informational Capitalism and on the Internet. *The Information Society* 26, 179–96.

Fuchs, C. (2011). Web 2.0, Prosumption, and Surveillance. *Surveillance & Society* 8, 288–309.

Fuchs, C. (2014). Digital Prosumption Labour on Social Media in the Context of the Capitalist Regime of Time. *Time & Society* 23, 97–123.

Gabriel, Y., Korczynski, M. and Rieder, K. (2015). Organizations and Their Consumers: Bridging Work and Consumption. *Organization* 22, 629–43.

Galloway, A. (2011). Black Box, Black Bloc. In B. Noys, ed. *Communization and Its Discontents: Contestation, Critique, and Contemporary Struggles*. New York: Minor Compositions, 237–49.

Hallett, T. (2003). Symbolic Power and Organizational Culture. *Sociological Theory* 21, 128–49.

Hallett, T. and Gougherty, M. (2018). Bourdieu and Organizations. In T. Medvetz and J. J. Sallaz, eds. *The Oxford Handbook of Pierre Bourdieu*. Oxford: Oxford University Press, 273–98.

Hillebrandt, F. (2017). Pierre Bourdieu: The Social Structure of the Economy. In K. Kraemer and F. Brugger, eds. *Schlüsselwerke der Wirtschaftssoziologie*. Wiesbaden: Springer VS, 343–9.

Kirchner, S. and Schüssler, E. (2019). The Organization of Digital Marketplaces: Unmasking the Role of Internet Platforms in the Sharing Economy. In G. Ahrne and N. Brunsson, eds. *Organization outside Organizations. The Abundance of Partial Organization in Social Life*. Cambridge: Cambridge University Press, 131–54.

Kluttz, D. N. and Fligstein, N. (2016). Varieties of Sociological Field Theory. In S. Abrutyn, ed. *Handbook of Contemporary Sociological Theory*. New York: Springer International, 185–204.

Kornberger, M., Pflueger, D. and Mouritsen, J. (2017). Evaluative Infrastructures: Accounting for Platform Organization. *Accounting, Organizations and Society* 60, 79–95.

Moore, P. V., Akhtar, P. and Upchurch, M. (2018). Digitalisation of Work and Resistance. In P. V. Moore, M. Upchurch and X. Whittaker, eds. *Humans and Machines at Work: Monitoring, Surveillance and Automation in Contemporary Capitalism.* Cham: Springer International, 17–44.

Polanyi, K. (1957). *The Great Transformation.* Boston: Beacon Press.

Prahalad, C. K. and Ramaswamy, V. (2000). Co-opting Customer Competence. *Harvard Business Review* (January–February). At https://hbr.org/2000/01/co-opting-customer-competence.

Prahalad, C. K. and Ramaswamy, V. (2002). The Co-Creation Connection. *Strategy & Business* 27, 51–60.

Rieder, K. and Voss, G. G. (2013). The Working Customer: A Fundamental Change in Service Work. In W. Dunkel and F. Kleemann, eds. *Customers at Work: New Perspectives on Interactive Service Work.* Basingstoke: Palgrave Macmillan, 177–96.

Ritzer, G. (1993). *The McDonaldization of Society: An Investigation Into the Changing Character of Contemporary Social Life.* Newbury Park: Pine Forge Press.

Ritzer, G. (1999). *Enchanting a Disenchanted World: Revolutionizing the Means of Consumption.* Newbury Park: Pine

Forge Press.

Ritzer, G. and Jurgenson, N. (2010). Production, Consumption, Prosumption: The Nature of Capitalism in the Age of the Digital 'Prosumer'. *Journal of Consumer Culture* 10, 13–36.

Ritzer, G., Dean, P. and Jurgenson, N. (2012). The Coming of Age of the Prosumer. *American Behavioral Scientist* 56, 379–98.

Rosenberg, M., Confessore, N. and Cadwalladr, C. (2018). How Trump Consultants Exploited the Facebook Data of Millions. *New York Times*, 17 March. At www. nytimes.com/2018/03/17/us/ politics/cambridge-analytica-trump-campaign.html.

Rosenblat, A. and Stark, L. (2016). Algorithmic Labor and Information Asymmetries: A Case Study of Uber's Drivers. *International Journal of Communication* 10, 3758–84.

Rosenblat, A., Levy, K. E. C., Barocas, S. and Hwang, T. (2017). Discriminating Tastes: Uber's Customer Ratings as Vehicles for Workplace Discrimination. *Policy & Internet* 9, 256–79.

Slee, T. (2017). *What's Yours Is Mine: Against the Sharing Economy*. New York: OR Books.

Smythe, D. W. (1981). On the Audience Commodity and its Work. In M. G. Durham and D. M. Kellner, eds. *Media and Cultural Studies: KeyWorks*. Oxford: Blackwell, 230–56.

Suckert, L. (2017). Same Same But Different. Die Feldtheorien Fligsteins und Bourdieus und das Potenzial einer wechselseitig informierten Perspektive für die Wirtschaftssoziologie. *Berliner Journal für Soziologie* 27, 405–30.

Tapscott, D. and Williams, A. D. (2006). *Wikinomics: How Mass Collaboration Changes Everything.* New York: Portfolio.

Tucker, C. (2019). Privacy, Algorithms, and Artificial intelligence. In Agarwal, A. Gans, J. and Goldfarb, A. (eds.). *The Economics of Artificial Intelligence: An Agenda.* National Bureau of Economic Research. Chicago and London: The University of Chicago Press, 423–38.

Voss, G. and Pongratz, H. (1998). Der Arbeitskraftunternehmer: Eine Neue Grundform der Ware Arbeitskraft? *Kölner Zeitschrift für Soziologie und Sozialpsychologie* 50(1), 131–58.

Voss, G. and Rieder, K. (2005). *Der arbeitende Kunde: Wenn Konsumenten zu unbezahlten Mitarbeitern werden.* Frankfurt am Main: Campus Verlag.

West, S. M. (2017). Data Capitalism: Redefining the Logics of Surveillance and Privacy. *Business & Society.* At https://doi. org/10.1177/0007650317718185.

Zuboff, S. (2015). Big Other: Surveillance Capitalism and the Prospects of an Information Civilization. *Journal of Information*

Technology 30, 75–89.

Zwick, D. (2015). Defending the Right Lines of Division: Ritzer's Prosumer Capitalism in the Age of Commercial Customer Surveillance and Big Data. *The Sociological Quarterly* 56, 484–98.

第5章　预测的力量

Angrave, D., Charlwood, A., Kirkpatrick, I., Lawrence, M. and Stuart, M. (2016). HR and Analytics: Why HR Is Set to Fail the Big Data Challenge. *Human Resource Management* 26(1), 1–11.

Biemann, T. and Weckmüller, H. (2016). Mensch gegen Maschine: Wie gut sind Algorithmen im HR? *Personal Quarterly* 68(4), 44–7.

Boltanski, L. and Chiapello, E. (2005). *The New Spirit of Capitalism*. London: Verso.

Brüggemann, C. and Schinnenburg, H. (2018). Predictive HR Analytics. Möglichkeiten und Grenzen des Einsatzes im Personalbereich. *ZfO* 87, 330–6.

Cachelin, J. L. (2013). Big Data Mining im HRM. Wie die Transparenz der Daten bessere Entscheidungen im HRM ermölicht. Studie 6 der Wissensfabrik, September.

Christ, O. and Ebert, N. (2016). Predictive Analytics im Human Capital Management: Status Quo und Potentiale. *HMD* 53, 298–309.

Davenport, Th.H. (2006). Competing on Analytics. *Harvard Business Review*, January, 1–9.

Davenport, Th.H., Harris, J. and Shapiro, J. (2010). Competing on Talent Analytics. *Harvard Business Review*, October, 1–6.

Deloitte (2018). Global Human Capital Trends 2018: The Rise of the Social Enterprise. At www2.deloitte.com/insights/us/en/focus/human-capital-trends.html.

Espeland, W. and Stevens, M. (2008). A Sociology of Quantification. *European Journal of Sociology* 49(3), 401–36.

Ferguson, A. G. (2017). Policing Predictive Policing. *Washington University Law Review* 94(5), 1109–89.

Gherson, D. (2018). Glückliche Mitarbeiter, Glückliche Kunden. Interview in *Harvard Business Manager*, July, 32–5.

Goodell King, K. (2016). Data Analytics in Human Resources: A Case Study and Critical Review. *Human Resource Development Review* 15(4), 487–95.

Haggerty, K. D. and Ericson, R. V. (2000). The Surveillant

Assemblage. *British Journal of Sociology* 51(4), 605–22.

Höller, H. P. and Wedde, P. (2018). Die Vermessung der Belegschaft. Mining the Enterprise Social Graph. *Mitbestimmungspraxis* 10. At www.boeckler.de/pdf/p_mbf_praxis_2018_010.pdf.

Holthaus, C., Park, Y. and Stock-Homburg, R. (2015). People Analytics und Datenschutz– Ein Widerspruch? *Datenschutz und Datensicherheit – DUD* 39, 676–81.

Huselid, M. (2018). The Science and Practice of Workforce Analytics: Introduction to the HRM Special Issue. *Human Resource Management* 57: 679–84.

Jain, N. and Maitri (2018). Big Data and Predictive Analytics: A Facilitator for Talent Management. In U. M. Munshi and N. Verma, eds. *Data Science Landscape*. Studies in Big Data 38. Singapore: Springer Nature, 199–204.

Khan, S. A. and Tang, J. (2017). The Paradox of Human Resource Analytics: Being Mindful of Employees. *Journal of General Management* 42(2), 57–66.

Lodge, D. and Mennicken, A. (2017). The Importance of Regulation of and by Algorithm. In L. Andrews et al., eds. *Algorithmic Regulation*, Centre for Analysis of Risk and Regulation at the London School of Economics and Political Science, pp. 2–6.

McDonald, P., Thompson, P. and O'Connor, P. (2016). Profiling Employees Online: Shifting Public-Private Boundaries in Organisational Life. *Human Resource Management* 26(4), 541–56.

MacKenzie, D. and Millo, Y. (2003). Constructing a Market, Performing Theory: The Historical Sociology of a Financial Derivatives Exchange. *American Journal of Sociology*, 109, 107–45.

Madsen, D. Ø and Slätten, K. (2017). The Rise of HR Analytics: A Preliminary Exploration. *Global Conference on Business and Finance Proceedings* 12(1), 148–59. At https://ssrn.com/abstract=2896602.

Manuti, A. and de Palma, P. D. (2018). *Digital HR: A Critical Management Approach to the Digitalization of Organizations*. Basingstoke: Palgrave Macmillan.

Marler, J. H. and Boudreau, J. W. (2017). An Evidence-Based Review of HR Analytics. *International Journal of Human Resource Management* 28(1), 3–26.

Minbaeva, D. B. (2018). Building Credible Human Capital Analytics for Organizational Competitive Advantage. *Human Resource Management* 57(3), 701–13.

Mishra, S., Raghvendra Lama, D. and Pal, Y. (2016). Human Resource Predictive Analytics (HRPA) for HR Management in Organizations. *International Journal of Scientific and Technology*

Research 5(5), 33–5.

Moore, P. and Robinson, A. (2016). The Quantified Self: What Counts in the Neoliberal Workplace. *New Media & Society* 18(11), 2774–92.

Reindl, C. (2016). People Analytics: Datengestüzte Mitarbeiterfürung als Chance fü die Organisationspsychologie. *Gruppe-Interaktion-Organisation* 47, 193–7.

Sousa, M. J. et al. (2019). Decision-Making Based on Big Data Analytics for People Management in Healthcare Organizations. *Journal of Medical Systems* 43(9):290.

Strohmeier, S. (2017). Big HR Data – Konzept zwischen Akzeptanz und Ablehnung. In W. Jochmann et al., eds. *HR-Exzellenz*. Wiesbaden: Springer, 339–55.

Sullivan, J. (2013). How Google Is Using People Analytics to Completely Reinvent HR. At www.tlnt.com/how-google-is-using-people-analytics-to-completely-reinvent-hr.

Swearingen, M. (2015). Share and Collaborate in the Enterprise with Office 365 Delve. At https://redmondmag.com/articles/2015/01/01/delve-into-enterprisecontent.aspx.

Vormbusch, U. (2007). Eine Soziologie der Kalkulation. Werner Sombart und die Kulturbedeutung des Kalkulativen.

In Hanno Pahl und Lars Meyer, eds. *Kognitiver Kapitalismus. Soziologische Beiträge zur Theorie der Wissensökonomie.* Marburg: Metropolis-Verlag, 75–96.

Vormbusch, U. (2009). Controlling the Future – Investing in People. Discussion Paper, presented at the London School of Economics and Political Science, Department of Accounting, 4 February 2009. At www.academia.edu/19467046/Talking_ Numbers_-_Governing_Immaterial_Labour.

Vormbusch, U. (2020). Accounting For Who We Are and Could Be: Inventing Taxonomies of the Self in an Age of Uncertainty. In Andrea Mennicken and Robert Salais, eds. *The New Politics of Numbers.* Basingstoke: Palgrave Macmillan.

第6章 在零工经济中争取劳动者的同意

Burawoy, M. (1979). *Manufacturing Consent.* Chicago: University of Chicago Press.

Burrell, J. (2016). How the Machine 'Thinks': Understanding Opacity in Machine Learning Algorithms. *Big Data & Society* 3(1), 1–12.

Cant, C. (2020). *Riding for Deliveroo: Resistance in the New Economy.* Cambridge: Polity.

Lee, M. K., Kusbit, D., Metsky, E. and Dabbish, L. (2015). Working with Machines: The Impact of Algorithmic and Data-Driven Management on Human Workers. *Proceedings of the 33rd Annual ACM Conference on Human Factors in Computing Systems*, 1603–12.

Rosenblat, A. (2018). *Uberland: How Algorithms are Rewriting the Rules of Work*. Berkeley: University of California Press.

Rosenblat, A. and Stark, L. (2016). Algorithmic Labor and Information Asymmetries: A Case Study of Uber's Drivers. *International Journal of Communication* 10, 3758–84.

Shapiro, A. (2018). Between Autonomy and Control: Strategies of Arbitrage in the 'on-Demand' Economy. *New Media & Society* 20(8), 2954–71.

Ticona, J. and Mateescu, A. (2018). Trusted Strangers: Carework Platforms' Cultural Entrepreneurship in the On-Demand Economy. *New Media & Society* 20(11), 4384–404.

Wood, A. J., Graham, M., Lehdonvirta, V. and Hjorth, I. (2018). Good Gig, Bad Gig: Autonomy and Algorithmic Control in the Global Gig Economy. *Work, Employment and Society* 33(1), 56–75.

Woodcock, J. and Johnson, M. R. (2018). Gamification: What It Is, and How to Fight It. *The Sociological Review* 66(3), 542–58.

第7章 自动化和自主性?

Altenried, M. (2017). Die Plattform als Fabrik. Crowdwork, Digitaler Taylorismus und die Vervielfältigung der Arbeit. *PROKLA* 47(187), 175–91.

Braverman, H. (1974). *Labor and Monopoly Capital*. New York: Monthly Review Press.

Brown, P., Lauder, H. and Ashton, D. N. (2011). The Global Auction: The Broken Promises of Education, Jobs, and Incomes. *Perspectives* 16(3).

Burawoy, M. (1979). *Manufacturing Consent*. Chicago: University of Chicago Press.

Burawoy, M. (1985). *The Politics of Production*. London: Verso.

Butollo, F., Engel, T., Füchtenkötter, M., Koepp R. and Ottaiano, M. (2018). Wie stabil ist der digitale Taylorismus? Störungsbehebung, Prozessverbesserungen und Beschäftigungssystem bei einem Unternehmen des Online-Versandhandels. *AIS Studien* 11(2), 143–59.

Friedman, A. L. (1977). *Industry and Labour: Class Struggle at Work and Monopoly Capitalism*. London: Macmillan.

Knights, D. (1990). Subjectivity, Power and the Labour

Process. In D. Knights and H. Willmott, eds. *Labour Process Theory*. London: Macmillan, 297–335.

Menz, W. and Nies, S. (2019). Autorität, Markt und Subjektivität: Ergebnisse einer sekundäranalytischen Längsschnittstudie vom Spät-Taylorismus bis zur Digitalisierung der Arbeit. In W. Dunkel, N. Mayer-Ahuja and H. Hanekop, eds. *Blick zurück nach vorn. Sekundäranalysen zum Wandel von Arbeit nach dem Fordismus*. Frankfurt am Main: Campus, 175–217.

Nachtwey, O. and Staab, P. (2015). Die Avantgarde des digitalen Kapitalismus. *Mittelweg* 36 24(6), 59–84.

Thompson, P. and O'Doherty, D. (2009). Perspectives on Labor Process Theory. In M. Alvesson, T. Bridgman and H. Willmott, eds. *The Oxford Handbook of Critical Management Studies*. Oxford: Oxford University Press, 99–121.

Vidal, M. (2018). Work and Exploitation in Capitalism: The Labor Process and the Valorization Process. In M. Vidal, P. Prew, T. Rotta and T. Smith, eds. *Oxford Handbook of Karl Marx*. New York: Oxford University Press, 241–60.

Willmott, H. C. (1990). Subjectivity and the Dialectics of Praxis: Opening up the Core of Labour Process Analysis. In D. Knights and H. Willmott, eds. *Labour Process Theory*. London: Macmillan, 336–78.

第8章　自动化能否获得客户信任?

Ackroyd, S. and Thompson, P. (1999). *Organizational Misbehaviour*. London: SAGE.

Boccardo, G. (2013). *Condiciones laborales en trabajadores del Sindicato Banco de Chile y Federación de Sindicatos del Banco de Chile*. Santiago: Ediciones Y Publicaciones El Buen Aire Sa.

Boccardo, G. (2019). Automatización de la banca chilena: transformación tecnológica y conflictos en el trabajo. *Revista Bits de Ciencia* 18. At www.dcc.uchile.cl/bits-de-ciencia.

Briken, K., Chillas, S. and Krzywdzinski, M. (2017). *The New Digital Workplace: How New Technologies Revolutionise Work*. Basingstoke: Palgrave Macmillan.

Brynjolfsson, E. and McAfee, A. (2014). *The Second Machine Age: Work, Progress, and Prosperity in a Time of Brilliant Technologies*. New York: W. W. Norton.

Burawoy, M. (1979). *Manufacturing Consent: Changes in the Labor Process Under Monopoly Capitalism*. Chicago: University of Chicago Press.

Crompton, R. (1989). Women in Banking: Continuity and Change Since the Second World War. *Work, Employment and Society* 3(2), 141–56.

Crompton, R., Gallie, D. and Purcell, K., eds. (2002). *Changing Forms of Employment: Organizations, Skills and Gender*. Abingdon: Routledge.

Edwards, R. (1979). *Contested Terrain*. New York: Basic Books.

Frías, P. (1990). *El trabajo bancario: liberalización, modernización y lucha por la democracia*. Santiago: Programa de Economía del Trabajo.

Friedman, A. (1977). Responsible Autonomy versus Direct Control Over the Labour Process. *Capital & Class* 1(1), 43–57.

Jacobs, I., Powers, S., Seguin, B. and Lynch, D. (2017). The Top 10 Chatbots for Enterprise Customer Service. *Forrester Report*. At www.nuance.com/content/dam/nuance/en_au/collateral/enterprise/report/ar-forrester-top10-chatbots-en-us.pdf.

Kalleberg, A. L. (2001). Organizing Flexibility: The Flexible Firm in a New Century. *British Journal of Industrial Relations* 39(4), 479–504.

Mauro, A. (2004). *Trayectorias laborales en el sector financiero. Recorrido de las mujeres*. Santiago: CEPAL.

Mella, O. and Parra, M. (1990). Condiciones de trabajo en el sector bancario chileno. In P. Frías, *El trabajo bancario:*

liberalización, modernización y lucha por la democracia. Santiago: Programa de Economía del Trabajo.

Moore, P. and Joyce, S. (2020). Black Box or Hidden Abode? The Expansion and Exposure of Platform Work Managerialism. *Review of International Political Economy* 27(4), 926–48.

Moulian, T. (1997). *Chile actual: anatomía de un mito.* Santiago: Lom-ARCIS.

Movitz, F. and Allvin, M. (2017). Changing Systems, Creating Conflicts: IT-related Changes in Swedish Banking. In K. Briken et al., eds. *The New Digital Workplace: How New Technologies Revolutionise Work.* Basingstoke: Palgrave Macmillan, 132–52.

Narbona, K. (2012). *La producción de compromiso en la empresa flexible. Significados que los trabajadores dan al compromiso subjetivo con el trabajo, ante las nuevas técnicas de gestión de recursos humanos. Estudio de caso de un banco multinacional en Santiago de Chile* (Thesis). Universidad de Chile, Santiago, Chile.

Riquelme, V. (2013). *Actuaciones y políticas de género en empresas del sector bancario. Departamento de Estudios de la Dirección del Trabajo.* Santiago: Departamento de Estudios, Dirección del Trabajo.

Ruiz, C. and Boccardo, G. (2014). *Los chilenos bajo*

el neoliberalismo. Clases y conflicto social. Santiago: El Desconcierto.

Sadovska, K. and Kamola, L. (2017). Change Management in Operations in the Banking Sector During the 4th Industrial Revolution. In *Contemporary Challenges in Management and Economics*. Riga: Riga Technical University, 43–6.

Sathye, M. (1999). Adoption of Internet Banking by Australian Consumers: An Empirical Investigation. *International Journal of Bank Marketing* 17(7), 324–34.

Srnicek, N. and Williams, A. (2015). *Inventing the Future: Postcapitalism and a World Without Work.* London: Verso.

Thompson, P., Warhurst, C. and Callaghan, G. (2001). Ignorant Theory and Knowledgeable Workers: Interrogating the Connections Between Knowledge, Skills and Services. *Journal of Management Studies* 38(7), 923–42.

Wood, A. J., Graham, M., Lehdonvirta, V. and Hjorth, I. (2018). Good Gig, Bad Gig: Autonomy and Algorithmic Control in the Global Gig Economy. *Work, Employment and Society* 33(1), 56–75.

Woodcock, J. (2017). *Working the Phones: Control and Resistance in Call Centres.* London: Pluto.

第9章　历久弥新

Badger, A. and Woodcock, J. (2019). Ethnographic Methods with Limited Access: Assessing Quality of Work in Hard to Reach Jobs. In D. Wheatley, ed. *Handbook of Research Methods on the Quality of Working Lives*. Cheltenham: Edward Elgar, 135–46.

Cant, C. (2018). The Wave of Worker Resistance in European Food Platforms 2016–17. *Notes From Below*. At https://notesfrombelow.org/article/europeanfood-platform-strike-wave.

Cant, C. (2020). *Riding for Deliveroo: Resistance in the New Economy*. Cambridge: Polity.

Casilli, A. (2019). *En attendant les robots. Enquête sur le travail du clic* [Waiting for the Robots: An Inquiry into Clickwork]. Paris: Editions du Seuil.

Chappell, E. (2016). *What Goes Around: A London Cycle Courier's Story*. London: Guardian/ Faber & Faber.

Cherry, M. A. and Aloisi, A. (2017). 'Dependent Contractors' in the Gig Economy: A Comparative Approach. *American University Law Review* 66(3), 635–89.

Day, J. (2015). *Cyclogeography: Journeys of A London Bicycle Courier*. London: Notting Hill Editions.

Deloitte (2018). Fast50 Winner: Deliveroo. At www.deloitte.

co.uk/fast50/winners/2018/winner-profiles/deliveroo.

Field, F. and Forsey, A. (2018). *Delivering Justice? A Report on the Pay and Working Conditions of Deliveroo Riders.* Commissioned by Frank Field, MP. Prepared for the Work and Pensions Committee. At www.frankfield.co.uk/upload/docs/ Delivering%20justice.pdf.

Fraser, N. (2016). Expropriation and Exploitation in Racialized Capitalism: A Reply to Michael Dawson. *Critical Historical Studies* 3(1), 163–78.

Gitelman, L. (2013). *There's No Such Thing as Raw Data.* Cambridge, MA: MIT Press.

Harvey, D. (2005). *The New Imperialism.* Oxford: Oxford University Press.

Kidder, J. (2011). *Urban Flow: Bike Messengers and the City.* New York: Cornell University Press.

McDowell, L. (2009). *Working Bodies: Interactive Service Employment and Workplace Identities.* London: Wiley-Blackwell.

Moore, P. and Joyce, S. (2020) 'Black Box or Hidden Abode? The Expansion and Exposure of Platform Work Managerialism'. Special Issue 'The Political Economy of Management', eds. Samuel Knafo and Matthew Eagleton-Pierce. *Review of*

International Political Economy 27(3).

Sayarer, J. (2016). *Messengers: City Tales from a London Courier*. London: Arcadia Books.

Srnicek, N. (2017). *Platform Capitalism*. Cambridge: Polity.

Tubaro, P. and Casilli, A. (2019). Micro-work, Artificial Intelligence and the Automotive Industry. *Journal of Industrial and Business Economic*s 46, 333–45.

Uber Technologies, Inc. (2019). Registration Statement under the Securities Act of 1933. At www.sec.gov/Archives/edgar/data/1543151/000119312519103850/d647752ds1.htm.

Van Doorn, N. and Badger, A. (2020). Platform Capitalism's Hidden Abode: Producing Data Assets in the Gig Economy. *Antipode*. At https://doi.org/10.1111/anti.12641.

Woodcock, J. (2020). The Algorithmic Panopticon at Deliveroo: Measurement, Precarity, and the Illusion of Control. *Ephemera*. At www.ephemerajournal.org/contribution/algorithmic-panopticon-deliveroo-measurement-precarity-andillusion-control.

Woodcock, J. and Graham, M. (2020). *The Gig Economy: A Critical Introduction*. Cambridge: Polity.

第10章　工作中的自我跟踪和逆向监视

Cecchinato, M., Cox, A. L. and Bird, J. (2014). 'I Check My Emails on the Toilet': Email Practices and Work-Home Boundary Management. Conference: MobileHCI '14 Workshop: Socio-Technical Systems and Work-Home Boundaries.

Cecchinato, M., Cox, A. L. and Bird, J. (2015). Working 9–5? Professional Differences in Email and Boundary Management Practices. Proceedings of the 33rd Annual ACM Conference on Human Factors in Computing Systems.

Cecchinato, M., Cox, A. L. and Bird, J. (2017). Always On(line)? User Experience of Smartwatches and their Role within Multi-Device Ecologies. Conference: ACM 2017 CHI Conference on Human Factors in Computing Systems.

Daechong, H. A. (2017). Scripts and Re-scriptings of Self-Tracking Technologies: Health and Labor in an Age of Hyper-Connectivity. *Asia Pacific Journal of Health Law & Ethics* 10(3), 67–86.

Davies, W. (2019). The Political Economy of Pulse: Techno-Somatic Rhythm and Real-Time Data. *Ephemera* 19(3).

Elsden, C., Kirk, D. S. and Durrant, A. C. (2016). A Quantified Past: Toward Design for Remembering with Personal Informatics. *Human-Computer Interaction* 31(6), 518–57.

Eneman, M., Ljungberg, J., Rolsson, B. and Stenmark, D. (2018). Encountering Camera Surveillance and Accountability at Work: Case Study of the Swedish Police. UK Academy for Information Systems Conference Proceedings 2018.

Epstein, D., Cordeiro, F., Bales, E., Fogarty, J. and Munson, S. (2014). Taming Data Complexity in Lifelogs: Exploring Visual Cuts of Personal Informatics Data. Proceedings of the 2014 Conference on Designing Interactive Systems (DIS '14), 667–76.

Epstein, D., Ping, A., Fogarty, J. and Munson, S. (2015). A Lived Informatics Model of Personal Informatics. The 2015 ACM International Joint Conference on Pervasive and Ubiquitous Computing (UbiComp '15).

Freshwater, D., Fisher, P. and Walsh, E. (2013). Revisiting the Panopticon: Professional Regulation, Surveillance and Sousveillance. *Nursing Enquiry* 22(1).

Gardner, P. and Jenkins, B. (2015). Bodily Intra-actions with Biometric Devices. *Body & Society* 22(1).

Hänsel, K. (2016). Wearable and Ambient Sensing for Well-Being and Emotional Awareness in the Smart Workplace. Proceedings of the 2016 ACM International Joint Conference on Pervasive and Ubiquitous Computing (UbiComp '16).

Iqbal, S. T. et al. (2014). Bored Mondays and Focused

Afternoons: The Rhythm of Attention and Online Activity in the Workplace. Proceedings of the SIGCHI Conference on Human Factors in Computing Systems (CHI '14), 3025–34.

Irani, L. C., and Silberman, M. S. (2013). Turkopticon: Interrupting Worker Invisibility in Amazon Mechanical Turk. Proceedings of the SIGCHI Conference on Human Factors in Computing Systems (CHI '13).

Jethani, S. (2015). Mediating the Body: Technology, Politics and Epistemologies of Self. *Communication, Politics & Culture* 14(3).

Kersten van-Dijk, E., Westerink, J. and Ijsselsteijn, W.A. (2016). Personal Informatics, Self-Insight, and Behavior Change: A Critical Review of Current Literature. *Human-Computer Interaction* 32(5–6), 268–96.

Khot, R., Horth, L. and Mueller, F. F. (2014). Understanding Physical Activity Through 3D Printed Material Artifacts. Proceedings of the SIGCHI Conference on Human Factors in Computing Systems (CHI '14), 3835–44.

Khovanskaya, V., Baumer, E. P., Cosley, D., Voida, S. and Gay, G. (2013). Everybody Knows What You're Doing: A Critical Design Approach to Personal Informatics. Proceedings of the SIGCHI Conference on Human Factors in Computing Systems

(CHI '13), 3403–12.

Lascau, L., Gould, S. J. J., Cox, A. L., Karmannaya, E. and Brumby, D. P. (2019). Monotasking or Multitasking: Designing for Crowdworkers' Preferences. Proceedings of the 2019 CHI Conference on Human Factors in Computing Systems.

Li, I., Dey, A. and Forlizzi, J. (2010). A Stage-Based Model of Personal Informatics Systems. Proceedings of the SIGCHI Conference on Human Factors in Computing Systems, 557–66.

Lupton, D. (2014). Self-tracking Cultures: Towards a Sociology of Personal Informatics. Proceedings of the 26th Australian Computer-Human Interaction Conference (OzCHI '14), 77–86.

Maman, Z. S., Alamdar Yazdi, M. A., Cavuoto, L. A. and Megahed, F. M. (2017). A Data-Driven Approach to Modeling Physical Fatigue in the Workplace Using Wearable Sensors. *Applied Ergonomics* 65, 515–29.

Mann, S. (2002). Sousveillance, Not Just Surveillance, in Response to Terrorism. At http://n1nlf-1.eecg.toronto.edu/metalandflesh.htm.

Mathur, A., Van Den Broeck, M., Vanderhulst, G., Mashhadi, A. and Kawsar, F. (2015). Tiny Habits in the Giant Enterprise: Understanding the Dynamics of a Quantified Workplace.

Proceedings of the ACM International Joint Conference on Pervasive and Ubiquitous Computing (UbiComp '15).

Moore, P. (2018a). *The Quantified Self in Precarity: Work, Technology and What Counts*. London and New York: Routledge.

Moore, P. (2018b). Tracking Affective Labour for Agility in the Quantified Workplace. *Body & Society* 24(3), 39–67.

Moore, P. (2019). E(a)ffective Precarity, Control and Resistance in the Digitalised Workplace. In D. Chandler and C. Fuchs, eds. *Digital Objects, Digital Subjects: Interdisciplinary Perspectives on Capitalism, Labour and Politics in the Age of Big Data*. London: University of Westminster Press, 125–44.

Moore, P. and Piwek, L. (2017). Regulating Wellbeing in the Brave New Quantified Workplace. *Employee Relations* 39(3), 308–16.

Moore, P. and Robinson, A. (2015). The Quantified Self: What Counts in the Neoliberal Workplace. *New Media & Society* 18(11), 2774–92.

Morgan, H. M. (2014). Research Note: Surveillance in Contemporary Health and Social Care: Friend or Foe?' *Surveillance & Society* 12(4), 594–6.

Neff, G. and Nafus, D. (2016). *Self-Tracking*. Cambridge,

MA: MIT Press. Pitts, F. H., Jean, E. and Clarke, Y. (2020). Sonifying the Quantified Self: Rhythmanalysis and Performance Research in and Against the Reduction of Life-Time to Labour-Time. *Capital & Class* 44(2), 219–40.

Rooksby, J. et al. (2014). Personal Tracking as Lived Informatics. Proceedings of the SIGCHI Conference on Human Factors in Computing Systems (CHI '14).

Schall, M. J., Sesek, R. F. and Cavuoto, L. A. (2018). Barriers to the Adoption of Wearable Sensors in the Workplace: A Survey of Occupational Safety and Health Professionals. *Human Factors: The Journal of the Human Factors and Ergonomics Society* 60(3), 351–62.

Whooley, M. et al. (2014). On the Integration of Self-Tracking Data Amongst Quantified Self Members. Proceedings of the 28th International BCS Human-Computer Interaction Conference (HCI '14), 151–60.

Wolf, G. (2019). Know Thyself: Tracking Every Facet of Life, from Sleep to Mood to Pain, 24/7/365. Wired. At www.wired.com/2009/06/lbnp-knowthyself.

Wood, A. J., Graham, M., Lehdonvirta, V. and Hjorth, I. (2019). Good Gig, Bad Gig: Autonomy and Algorithmic Control in the Global Gig Economy. *Work, Employment and Society* 33(1),

56–75.

第11章 摆脱数字原子化

Barratt, M. J., Ferris, J. A. and Lenton, S. (2015). Hidden Populations, Online Purposive Sampling, and External Validity. *Field Methods* 27(1), 3–21.

Bonin, H. and Rinne, U. (2017). *Omnibusbefragung zur Verbesserung der Datenlage neuer Beschäftigungsformen.* IZA Research Report No. 80.

Braverman, H. (1998). *Labor and Monopoly Capital.* New York: Monthly Review Press.

Brinkmann, U. and Heiland, H. (2020). Liefern am Limit. Wie die Plattformökonomie die Arbeitsbeziehungen verändert. *Industrielle Beziehungen* 27(1): 120–40.

Brinkmann, U. and Seifert, M. (2001). 'Face to Interface': Zum Problem der Vertrauenskonstitution im Internet am Beispiel von elektronischen Auktionen. *Zeitschrift für Soziologie* 30(1), 23–47.

Cant, C. (2019). *Riding for Deliveroo: Resistance in the New Economy.* Cambridge: Polity.

Davis, G. F. (2017) Organization Theory and the Dilemmas

of a Post-Corporate Economy. In J. Gehman, M. Lounsbury and R. Greenwood, eds. *How Institutions Matter!* Bingley: Emerald, 311–32.

Deliverunion (2018). Riders Unite! Protest at the Offices of Foodora. FAU. At https://deliverunion.fau.org/2018/01/17/riders-unite-protest-at-the-offices-of-foodora.

Eurofound (2017). *Non-Standard Forms of Employment: Recent Trends and Future Prospects.* At www.eurofound.europa. eu/publications/customised-report/2017/non-standard-forms-of-employment-recent-trends-and-future-prospects.

Fantasia, R. (1989). *Cultures of Solidarity: Consciousness, Action and Contemporary American Workers.* Berkeley: University of California Press.

Glaser, B. G. and Strauss, A. L. (1967). *Grounded Theory. Strategies for Qualitative Research.* Chicago: Aldine.

Heiland, H. (2018). Algorithmus = Logik + Kontrolle. Algorithmisches Management und die Kontrolle der einfachen Arbeit. In D. Houben and B. Prietl, eds. *Datengesellschaft. Einsichten in die Datafizierung des Sozialen.* Bielefeld: transcript, 233–52.

Heiland, H. (2019). Plattformarbeit im Fokus. Ergebnisse einer explorativen Online-Umfrage. *WSI Mitteilungen* 72(4), 298–

304.

Ivanova, M., Bronowicka, J., Kocher, E. and Degner, A. (2018). *The App as a Boss? Control and Autonomy in Application-Based Management* (Arbeit | Grenze | Fluss – Work in Progress interdisziplin錠er Arbeitsforschung Nr. 2). Frankfurt (Oder): Viadrina.

Kaufmann, J. C. (2015). *Das verstehende Interview.* Konstanz/Munich: UVK.

Kuckartz, U. (2016). *Qualitative Inhaltsanalyse. Methoden, Praxis, Computerunterstützung.* Weinheim: Beltz Juventa.

Leonardi, D., Murgia, A., Briziarelli, M. and Armano, E. (2019). The Ambivalence of Logistical Connectivity: A Co-Research with Foodora Riders. *Work Organisation, Labour & Globalisation* 13, 155–71.

Mahnkopf, B. (2020). The Future of Work in the Era of 'Digital Capitalism'. *Socialist Register* 56.

Müller-Jentsch, W. (1995) Germany: From Collective Voice to Co-management. In J. Rogers and W. Streeck, eds. *Works Councils: Consultation, Representation, and Cooperation in Industrial Relations.* Chicago: University of Chicago Press, 53–78.

Schaupp, S. (2018) From the 'Führer' to the 'Sextoy': The

Techno-Politics of Algorithmic Work Control. At https://medium.com/sci-five-university-of-basel/from-the-f%C3%BChrer-to-the-sextoy-af6b68c634fc.

Schaupp, S. and Diab, R. S. (2019) From the Smart Factory to the Self-Organisation of Capital: 'Industrie 4.0' as the Cybernetisation of Production. *Ephemera*. At http://ephemerajournal.org/contribution/smart-factory-self-organisationcapital-%E2%80%98industrie-40%E2%80%99-cybernetisation-production.

Statista (2019). *Digital Market Outlook*. At www.statista.com/outlook/374/137/online-food-delivery/germany?currency=eur#market-revenue.

Silvia, S. J. (2013). *Holding the Shop Together: German Industrial Relations in the Postwar Era*. Ithaca: Cornell University Press.

Tassinari, A. and Maccarrone, V. (2019). Riders on the Storm: Workplace Solidarity among Gig Economy Couriers in Italy and the UK. *Work, Employment and Society* 34(1), 35–54.

Teddlie, C. and Tashakkori, A. (2006). A General Typology of Research Designs Featuring Mixed Methods. *Research in the Schools* 13(1), 12–28.

Veen, A., Barratt, T. and Goods, C. (2019). Platform-Capital's

'App-etite' for Control: A Labour Process Analysis of Food-Delivery Work in Australia. *Work, Employment and Society* 34(3), 388–406.

Wood, A. J., Graham, M., Lehdonvirta, V. and Hjorth, I. (2019). Good Gig, Bad Gig: Autonomy and Algorithmic Control in the Global Gig Economy. *Work, Employment and Society* 33(1), 56–75.

Woodcock, J. and Graham, M. (2020). *The Gig Economy: A Critical Introduction*. Cambridge: Polity.

Yin, R. K. (2018). *Case Study Research and Applications: Design and Methods*. London: Sage.

Zoll, R. (1988). Von der Arbeitersolidarität zur Alltagssolidarität. *Gewerkschaftliche Monatshefte* 6, 368–81.

Zuboff, S. (2019). *The Age of Surveillance Capitalism: The Fight for the Future at the New Frontier of Power*. Profile Books: London.

第12章　抵制"算法老板"

Ackroyd, S. and Thompson, P. (2016). Unruly Subjects: Misbehaviour in the Workplace. In S. Edgell, H. Gottfried and E. Granter, eds. *The SAGE Handbook of the Sociology of Work and*

Employment, London: SAGE, 185–204.

Allen-Robertson, J. (2017). The Uber Game: Exploring Algorithmic Management and Resistance. Paper at the 18th Annual Conference of the Association of Internet Researchers, Tartu, Estonia, 18–21 October. At https://core.ac.uk/download/pdf/132207403.pdf.

Anderson, D. N. (2016). Wheels in the Head: Ridesharing as Monitored Performance. *Surveillance & Society* 14(2), 240–58.

Animento S., Di Cesare, G. and Sica, C. (2017). Total Eclipse of Work? Neue Protestformen in der gig economy am Beispiel des Foodora Streiks in Turin. *PROKLA 187,* 47(2), 271–90.

Biernacki, P. and Waldorf, D. (1981). Snowball Sampling: Problems and Techniques of Chain Referral Sampling. *Sociological Methods & Research* 10(2), 141–63.

Cant, C. (2019). *Riding for Deliveroo: Resistance in the New Economy.* Cambridge: Polity.

Chan, N. K. and Humphreys, L. (2018). Mediatization of Social Space and the Case of Uber Drivers. *Media and Communication* 6(2), 29–38.

Chen, J. Y. (2018). Thrown Under the Bus and Outrunning It! The Logic of Didi and Taxi Drivers' Labour and Activism in the

On-Demand Economy. *New Media & Society* 20(8), 2691–711.

Cherry, M. A. (2016). Beyond Misclassification: The Digital Transformation of Work. *Comparative Labor Law and Policy Journal* 37(3), 577–602.

Contu, A. (2008). Decaf Resistance. *Management Communication Quarterly* 21(3), 364–79.

Degner, A. and Kocher, E. (2018). Arbeitskämpfe in der 'Gig-Economy'? Die Protestbewegungen der Foodora- und Deliveroo-'Riders' und Rechtsfragen ihrer kollektiven Selbstorganisation. *Kritische Justiz* 51(3), 247–65.

Ecker, Y., Le Bon, M. and Emrich, S. (2018). Race Against the Machine: the Effects of Digitalization on the Working Conditions and the Organization of Labor Struggles. An Empirical Study on the Online Delivery Companies Deliveroo and Foodora in Berlin. *Projekt//raum working papers* #1.

Edwards, P., Collinson, D. and Della Rocca, G. (1995). Workplace Resistance in Western Europe: A Preliminary Overview and a Research Agenda. *European Journal of Industrial Relations* 1(3), 283–316.

Edwards, R. (1979). *Contested Terrain: The Transformation of Industry in the Twentieth Century*. London: Heinemann.

Fleming, P. and Spicer, A. (2007). *Contesting the Corporation: Struggle, Power and Resistance in Organizations.* Cambridge: Cambridge University Press.

Gandini, A. (2019). Labour Process Theory and the Gig Economy. *Human Relations* 72(6), 1039–56.

Graham, M. and Woodcock, J. (2018). Towards a Fairer Platform Economy: Introducing the Fairwork Foundation. *Alternate Routes* 29, 242–53.

Gregg, M. (2010). On Friday Night Drinks: Workplace Affects in the Age of the Cubicle. In M. Gregg and G. J. Seigworth, eds. *The Affect Theory Reader.* Durham, NC: Duke University Press, 250–68.

Herr, B. (2017). Riding in the Gig Economy: An In-Depth Study of a Branch in the App-Based on-Demand Food Delivery Industry. Working Paper No. 169, Chamber of Labour, Vienna. At www.arbeiterkammer.at/infopool/wien/AK_Working_Paper_Riding_in_the_Gig_Economy.pdf.

Hirschman, A. O. (1970). *Exit, Voice, and Loyalty: Responses to Decline in Firms, Organizations, and States.* Cambridge, MA: Harvard University Press.

Huws, U. (2016). Logged Labour: A New Paradigm of Work Organisation? *Work Organisation, Labour and Globalisation*

10(1), 7–26.

Ivanova, M., Bronowicka, J., Kocher, E. and Degner, A. (2018). The App as a Boss? Control and Autonomy in Application-Based Management. In *Arbeit | Grenze |Fluss – Work in Progress interdisziplin er Arbeitsforschung 2.* Frankfurt (Oder): Europa-Universität Viadrina Frankfurt.

Jasper, J. M. (2011). Emotions and Social Movements: Twenty Years of Theory and Research. *Annual Review of Sociology* 37, 285–303.

Möhlmann, M. and Zalmanson, L. (2017). Hands on the Wheel: Navigating Algorithmic Management and Uber Drivers' Autonomy. Proceedings of the International Conference on Information Systems (ICIS 2017), 10–13 December, Seoul, South Korea.

Moore, P. (2019). E(a)ffective Precarity, Control and Resistance in the Digitalised Workplace. In D. Chandler and C. Fuchs, eds. *Digital Objects, Digital Subjects: Interdisciplinary Perspectives on Capitalism, Labour and Politics in the Age of Big Data.* London: University of Westminster, 125–44.

Mumby, D. K., Thomas, R., Martí, I. and Seidl, D. (2017). Resistance Redux. *Organization Studies* 38(9), 1157–83.

Nachtwey, O. and Staab, P. (2018). Das Produktionsmodell

des digitalen Kapitalismus. *Soziale Welt*, Special issue, 23.

Olson, M. (1965). *The Logic of Collective Action: Public Goods and the Theory of Groups*. Cambridge, MA: Harvard University Press.

Rosenblat, A. and Stark, L. (2016). Algorithmic Labor and Information Asymmetries: A Case Study of Uber's Drivers. *International Journal of Communication* 10, 3758–84.

Sauder, M. and Espeland, W. N. (2009). The Discipline of Rankings: Tight Coupling and Organizational Change. *American Sociological Review* 74(1), 63–82.

Shapiro, A. (2018). Between Autonomy and Control: Strategies of Arbitrage in the 'On-Demand' Economy. *New Media & Society* 20(8), 2954–71.

Srnicek, N. (2017). *Platform Capitalism*. Cambridge: Polity.

van Doorn, N. (2017). Platform Labor: On the Gendered and Racialized Exploitation of Low-Income Service Work in the 'On-Demand' Economy. *Information, Communication & Society* 20(6), 898–914.

Vandaele, K. (2018). Will Trade Unions Survive in the Platform Economy? Emerging Patterns of Platform Workers' Collective Voice and Representation in Europe. ETUI Working

Paper, 2018–05.

Wood, A. J., Graham, M., Lehdonvirta, V. and Hjorth, I. (2019). Good Gig, Bad Gig: Autonomy and Algorithmic Control in the Global Gig Economy. *Work, Employment and Society* 33(1), 56–75.

Yin, M., Gray, M. L., Suri, S. and Vaughan, J. W. (2016). The Communication Network Within the Crowd. Proceedings of the 25th International Conference on World Wide Web, 1293–303.